重庆文理学院学术专著出版资助

地面运动双向最大加速度反应谱

王 敏　傅剑平　白绍良　著

北 京
冶 金 工 业 出 版 社
2023

内 容 提 要

水平地面运动强度受强震仪水平放置方位的影响，本书称这一特征为水平地面运动强度的方位特征。水平地面运动强度的方位特征，强烈影响着水平地面运动的强度，在结构的抗震设计中应予以考虑。在结构的抗震设计方法中，水平地面运动强度的方位特征涉及设计反应谱、地面运动记录的选择和标定方法两个方面。本书研究了水平地面运动强度的方位特征及其影响，并将其纳入结构抗震设计方法中，包括在设计反应谱、地面运动记录的选择和标定方法中考虑该方位特征。

本书可供建筑结构专业工程技术人员及相关专业人员参考使用。

图书在版编目(CIP)数据

地面运动双向最大加速度反应谱/王敏，傅剑平，白绍良著．—北京：冶金工业出版社，2021.8（2023.11 重印）

ISBN 978-7-5024-8872-7

Ⅰ.①地…　Ⅱ.①王…　②傅…　③白…　Ⅲ.①防震设计—研究　Ⅳ.①TU352.1

中国版本图书馆 CIP 数据核字（2021）第 148478 号

地面运动双向最大加速度反应谱

出版发行	冶金工业出版社	**电　　话**	(010)64027926
地　　址	北京市东城区嵩祝院北巷 39 号	**邮　　编**	100009
网　　址	www.mip1953.com	**电子信箱**	service@mip1953.com

责任编辑　于昕蕾　美术编辑　彭子赫　版式设计　郑小利

责任校对　郑　娟　责任印制　禹　蕊

北京捷迅佳彩印刷有限公司印刷

2021 年 8 月第 1 版，2023 年 11 月第 2 次印刷

710mm×1000mm　1/16；8.5 印张；4 彩页；173 千字；125 页

定价 58.00 元

投稿电话　(010)64027932　投稿信箱　tougao@cnmip.com.cn

营销中心电话　(010)64044283

冶金工业出版社天猫旗舰店　yjgycbs.tmall.com

（本书如有印装质量问题，本社营销中心负责退换）

前　言

随着研究者们对地震地面运动规律和结构地震反应规律研究的不断深入，人们获得了这两方面更加深入的认识，并据此对结构抗震设防思路持续做出调整。

水平地面运动强度的方位特征，强烈影响着水平地面运动强度的取值，应在结构的抗震设计中予以考虑。在结构的抗震设计方法中，该方位特征涉及设计反应谱、地面运动记录的选择和标定方法两个方面。本书旨在探明水平地面运动强度的方位特征及其影响，并将其纳入结构抗震设计方法中进行考虑，包括在设计反应谱、地面运动记录的选择和标定方法中考虑该方位特征。

本书内容主要包含三个部分。首先，水平地面运动强度的方位特征及其影响规律。其次，为在我国设计反应谱中考虑该方位特征，同时使得我国各地结构经过抗震设计后具有统一的抗震安全性，对我国设计反应谱给出建议。最后，为了所预测的结构地震反应中体现该方位特征，提出预测结构地震反应中值及分布情况的地面运动记录选择方法。

本书可供建筑结构专业工程技术人员及相关专业人员参考使用，最好有一定的地震学基础。

本书由王敏编撰，并由白绍良和傅剑平教授审定。

感谢所有对本书的撰写和出版提供帮助的人士。

由于作者水平有限，本书难免存在疏漏之处，敬请广大读者批评指正。

作　者
2021 年 4 月

主 要 符 号

a_g　欧洲规范 EC8 Part 1 中场地 A 的设计地面运动加速度

$a_x(t)$　x 方向加速度时程

$a_y(t)$　y 方向加速度时程

$a_{x,\theta}(t)$　记录仪器旋转 θ 角度后记录到的 x 方向加速度时程

$a_{x,\theta}(t)$　记录仪器旋转 θ 角度后记录到的 y 方向加速度时程

BdM　双向最大加速度反应谱

$EQ(\mu)$　以 $S(\mu)$ 为目标谱选出的地面运动记录子集

$EQ(\mu+\sigma)$　以 $S(\mu+\sigma)$ 为目标谱选出的地面运动记录子集

$EQ(\mu+2\sigma)$　以 $S(\mu+2\sigma)$ 为目标谱选出的地面运动记录子集

f　频率

f_c　截止频率

f_0　拐角频率

i　第 i 楼层

M　震级

n　滚降阶数

PGA　地面运动加速度时程的加速度峰值

PGA_{BdM}　BdM 谱周期为零处的谱值

PGV　地面运动速度时程的速度峰值

R　震中距

S　欧洲规范 EC8 Part 1 中的土壤系数(Soil Factor)

$Sa_{x,\theta}$　$a_{x,\theta}(t)$ 对应的加速度反应谱

$Sa_{y,\theta}$　$a_{y,\theta}(t)$ 对应的加速度反应谱

$Sa_x(T)$　x 方向加速度时程对应的、T 周期处的加速度反应谱

$Sa_y(T)$　y 方向加速度时程对应的、T 周期处的加速度反应谱

$Sa(BdM,\ \mu)$　某类型地面运动的 BdM 谱值平均值连线

$Sa(BdM,\ \sigma)$　某类型地面运动的 BdM 谱值标准差连线

$Sa(BdM,\ COV)$　某类型地面运动的 BdM 谱值变异系数连线

$Sa(Und,\ \mu)$　某类型地面运动的 Und 谱值平均值连线

$Sa(Und,\ \sigma)$　某类型地面运动的 Und 谱值标准差连线

$Sa(Und,\ COV)$	某类型地面运动的 Und 谱值变异系数连线
$S(\mu)$	对应 $\beta(\mu)$ 的加速度反应谱
$S(\mu+\sigma)$	对应 $\beta(\mu+\sigma)$ 的加速度反应谱
$S(\mu+2\sigma)$	对应 $\beta(\mu+2\sigma)$ 的加速度反应谱
t_{d}	持时
T	周期
T_1	结构基本周期
Und	单向加速度反应谱
μ	平均值
σ	标准差
COV	变异系数
$\alpha_{\max}^{基本}$	基本地震动
$\alpha_{\max,\ 10\%/50\mathrm{Y}}$	50 年超越概率 10% 的地震动峰值加速度
$\alpha_{\max,\ 2\%/50\mathrm{Y}}$	50 年超越概率 2% 的地震动峰值加速度
$\beta(BdM)$	BdM 谱的标准谱
$\beta(BdM,\ \mu)$	某地面运动类型各周期处 $\beta(BdM)$ 平均值连线
$\beta(BdM,\ \sigma)$	某地面运动类型各周期处 $\beta(BdM)$ 标准差连线
$\beta(BdM,\ COV)$	某地面运动类型各周期处 $\beta(BdM)$ 变异系数连线
$\beta(BdM,\ \mu+\sigma)$	某地面运动类型各周期处 $\beta(BdM)$ 平均值加 1 倍标准差连线
$\beta(BdM,\ \mu+2\sigma)$	某地面运动类型各周期处 $\beta(BdM)$ 平均值加 2 倍标准差连线
$\beta(Und)$	Und 谱的标准谱
$\beta(Und,\ \mu)$	某地面运动类型各周期处 $\beta(Und)$ 平均值连线
$\beta(Und,\ \sigma)$	某地面运动类型各周期处 $\beta(Und)$ 标准差连线
$\beta(Und,\ COV)$	某地面运动类型各周期处 $\beta(Und)$ 变异系数连线
$\beta(Und,\ \mu+\sigma)$	某地面运动类型各周期处 $\beta(Und)$ 平均值加 1 倍标准差连线
$\beta(Und,\ \mu+2\sigma)$	某地面运动类型各周期处 $\beta(Und)$ 平均值加 2 倍标准差连线
$\beta(\mu)$	某类型地面运动的加速度反应谱平均谱
$\beta(\mu+\sigma)$	某类型地面运动的加速度反应谱平均谱加 1 倍标准差谱
$\beta(\mu+2\sigma)$	某类型地面运动的加速度反应谱平均谱加 2 倍标准差谱
$V_{i,\ \max}$	第 i 层的最大层间剪力
$\overline{V}_{i,\ \max}$	第 i 层的最大层间剪力平均值
$V_{0,\ \max}$	最大基底剪力
$\overline{\theta}_{\max}$	最大层间位移角平均值
$\theta_{\max}$	最大层间位移角
$\theta_{\mathrm{r},\ \max}$	最大顶点位移角

θ	角度
τ	某类型地面运动的 $\beta(BdM,\mu)$ 与 $\beta(Und,\mu)$ 的比值
ξ	某类型地面运动的 $\beta(BdM,\sigma)$ 与 $\beta(Und,\sigma)$ 的比值
υ	某类型地面运动的 $\beta(BdM,COV)$ 与 $\beta(Und,COV)$ 的比值
λ	某类型地面运动的 $Sa(BdM,COV)$ 与 $Sa(Und,COV)$ 的比值
η	某类型地面运动的 $Sa(BdM,\sigma)$ 与 $Sa(Und,\sigma)$ 的比值

目　　录

1 绪　　论

1.1 研究背景和研究意义

一次地震在其影响区内任意地点的地表所引起的地面运动，是一个三维振动过程。通常，通过设在各地震台站的强震仪记录这类地面运动过程。每台强震仪均按三个正交方向对其进行记录，即有两条水平正交方向和一条竖向的加速度时程记录。相对于地震事件在该台站处所形成的三维振动过程来说，每台强震仪的水平安装方位均是随机的。如果强震仪的水平安装方位不同，记录到的同一地震事件同一台站处的两个水平加速度时程分量也不同。但需要强调的是，无论强震仪的水平方位与地面运动的关系如何，它所记录的三个正交方向的加速度时程，经过向量合成后所形成的均是该次地震在该地点唯一三维振动过程；无论强震仪的水平放置方位如何，每个方位下记录到的两个水平分量均包含了该地震事件在该台站处水平地震动的全部平动信息，但其中的任一分量却并非如此。如果用三维记录中的任何一条水平加速度时程算得一定阻尼比下与其相应的弹性加速度反应谱，则这种反应谱对于该三维地面运动而言，都只是任意水平方位抽样中的一个方向的记录所形成的加速度反应谱。对于特定阻尼比和特定周期而言，每一个可能的水平方位抽样对应的加速度反应谱值不同，而所有这些加速度反应谱值势必存在一定的分布范围。

图 1-1 以 1999 年土耳其 Duzce 地震中 Lamont 1062 台站记录到的两水平方向（x、y）地面运动加速度时程（编号 RSN1615）为例，假定强震仪的水平方位相对原始位置旋转一定角度 θ，θ 从 0°开始以增量 1°递增，一直旋转到 $\theta=90°$ 位置，给出阻尼比 5%情况下，周期分别为 1.0s、2.0s、3.0s 和 4.0s 各旋转角度时 x、y 方向加速度反应谱值 Sa_x、Sa_y。从图 1-1 中可以看出，由于强震仪水平方位的任意性，其记录的水平加速度时程分量对应的特定阻尼比和特定周期的加速度反应谱值具有相当的随机性，在周期 2.0s 时，由于水平方位的不同，单向加速度反应谱值的最大值与最小值的比值甚至达到 2.16。因此，这些随机值中的任一值都不足以代表该地震事件在该台站处的水平地面运动强度。可见，水平方位的选取强烈地影响着水平地面运动强度，本书称这一特征为水平地面运动强度的方位特征。在每个周期的所有这些随机值中，存在着一个最大值（简称 BdM 谱值），如果将所有周期的这个最大值连线，则形成双向最大加速度反应谱（简称

BdM 谱）。而对于所有周期来说，这些最大值并不发生在同一方位（见图 1-1）。BdM 谱，代表一次地震事件在一个台站处三维地面振动过程所导致的不同周期弹性单自由度体系的最大加速度反应值，且是不因强震仪放置的水平方位的不同而不同的唯一确定性反应谱，客观地反映了一次地震事件的一个台站处水平地面运动的真实强度。本书将强震仪记录得到的水平加速度时程对应的单向加速度反应谱称为 Und 谱。

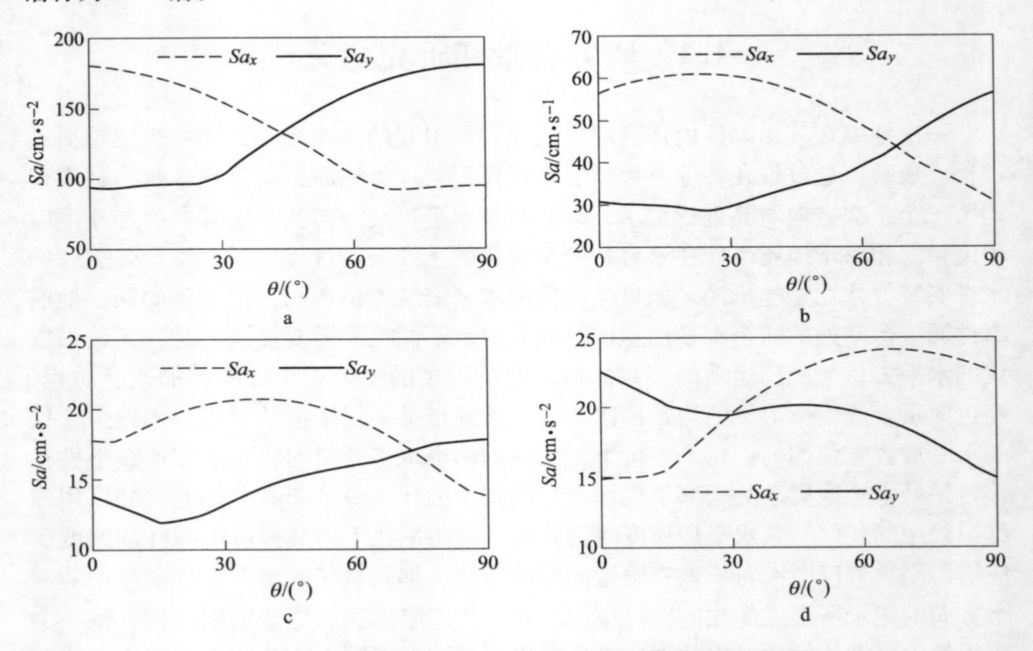

图 1-1 不同旋转角度下 RSN1615 的水平加速度反应谱值

a—T=1.0s；b—T=2.0s；c—T=3.0s；d—T=4.0s

对于一组地面运动记录的两个水平加速度时程 $a_x(t)$ 和 $a_y(t)$，其在一定阻尼比和周期 T_i 下 BdM 谱的计算步骤如下：

（1）将强震仪记录时的水平坐标系旋转一个角度 θ，θ 从零开始。此时，新水平坐标系下的 x、y 方向的加速度时程分量为 $a_{x,\theta}(t)$ 和 $a_{y,\theta}(t)$，由下式表示：

$$a_{x,\theta}(t)=a_x(t)\cos\theta+a_y(t)\sin\theta \tag{1-1}$$

$$a_{y,\theta}(t)=-a_x(t)\sin\theta+a_y(t)\cos\theta \tag{1-2}$$

（2）分别计算 $a_{x,\theta}(t)$ 和 $a_{y,\theta}(t)$ 对应的一定阻尼比下特定周期 T_i 处加速度反应谱值 $Sa_{x,\theta}(T_i)$ 和 $Sa_{y,\theta}(T_i)$。

（3）以一定增量 $\Delta\theta$（如 $\Delta\theta=1°$）增大旋转角度 θ，直到 $\theta=90°$。计算每个角度 θ 下的 $Sa_{x,\theta}(T_i)$ 和 $Sa_{y,\theta}(T_i)$。由于 $a_{x,\theta}(t)$ 和 $a_{y,\theta+\pi/2}(t)$（其表达式见式（1-4））在每个时间点数据的绝对值相同，只是正负号相反，而其对应的加速

度反应谱值为单自由度系统的加速度反应时程中绝对最大值，于是两者的加速度反应谱值相同；而 $a_{y,\ \theta}(t)$ 和 $a_{x,\ \theta+\pi/2}(t)$（其表达式见式（1-3））在每个时间点数据相同，于是两者的加速度反应谱谱值相同。因此，如果需要求得 $Sa_{x,\ \theta}(T_i)$ 和 $Sa_{y,\ \theta}(T_i)$ 在所有 θ 下的最大值，只需要将 θ 的最大值取为 90°。

$$\begin{aligned} a_{x,\ \theta+\pi/2}(t) &= a_x(t)\cos(\theta + \pi/2) + a_y(t)\sin(\theta + \pi/2) \\ &= - a_x(t)\sin\theta + a_y(t)\cos\theta \end{aligned} \tag{1-3}$$

$$\begin{aligned} a_{y,\ \theta+\pi/2}(t) &= - a_x(t)\sin(\theta + \pi/2) + a_y(t)\cos(\theta + \pi/2) \\ &= - a_x(t)\cos\theta - a_y(t)\sin\theta \end{aligned} \tag{1-4}$$

（4）求得所有角度下 $Sa_{x,\ \theta}(T_i)$、$Sa_{y,\ \theta}(T_i)$ 中的最大值，即为周期 T_i 处的 BdM 谱值。

（5）从第（2）步开始，计算其他周期 T 处的 BdM 谱值，将所有周期处的 BdM 谱值连成一条曲线，即得该水平地面运动记录 $a_x(t)$ 和 $a_y(t)$ 的 BdM 谱。

回顾整个反应谱理论的发展过程后发现，自 1941 年 Biot[1] 提出反应谱的概念之后，当时在讨论利用地面运动记录形成反应谱的过程中，包括 Housner[2] 完成的具有划时代意义的研究成果中，限于当时的数字分析能力，全部只采用记录中单方向的加速度时程计算各周期的加速度反应时程，并以此为基础建立加速度反应谱，这种做法一直持续到 20 世纪 90 年代。而且，曾经有不少权威专家认为，这种做法与按单一主轴进行抗震设计的一般结构设计方法是相互呼应的。直到 1997 年前后，当有必要考虑两个水平地面运动加速度时程分量输入下的反应谱问题时，方才出现了几何平均值谱[3~5] 以及到 2006 年由 Boore 等人[6] 提出的以 GMRotI50 为基础的反应谱值确定方法。GMRotI50 的提出才反映了人们开始考虑强震仪的不同方位角所带来的记录的随机抽样问题，但所取的却是在所有这些可能的方位角下两个水平加速度反应谱值的所有几何平均值的中位值。从这里也可以看出，当时的学术界依然固守着单向地面运动记录或者是对两个水平分量进行组合。但进入 21 世纪后，有学者开始注意到强震仪所有可能水平放置方位对应的单向加速度反应谱值中的最大值[7~9]。这一发现使一部分学者在水平地面运动强度方位特征的问题上开始出现松动。也就是说，更愿意用三维地震动与强震仪水平放置方位无关的思路来寻找设计中需要考虑的最大水平地震反应。并且，在美国的 NEHRP 2009(FEMA P-750)[10] 和 ASCE 7-10[11] 中开始启用 BdM 谱作为设计地震作用取值依据。但在 2011 年，曾经有相当一部分美国学术界和工程界的人士，对这种做法提出了强烈反对[12]。其主要理由在于这种考虑方位的思路与按平面主轴分别进行平面分析的传统抗震设计方法之间，尚有不少需要协调的问题。但是随着学术界对方位问题思考的进一步深化，到 2014 年以后，终于在美国学术界看到了愿意从根本上考虑最大方向反应谱值（即 BdM 谱值）的新趋势，并且已经将这种思路应用到新一代衰减关系方程中以及地震动参数的取值中[13,14]，这导致美国 NEHRP 2015(FEMA P-1050)[15,16]继续采用 BdM 谱作为设计地震作用取值依据。

从以上的简述中不难看出，实际上从 20 世纪 50 年代直到 21 世纪前 10 年的发展过程中，用一条条单向地面运动记录所形成的加速度反应谱作为设计地震作用取值依据的思路，曾因各种原因以传统观念的方式强烈影响着地震工程界，直到近年才开始尝试恢复三维振动过程（由于本书主要研究水平地面运动，因此这里主要指两个正交方向的水平地面运动），并尝试以 BdM 谱值作为三维地震动水平地面运动强度的唯一代表值。或者说，在世界地震工程界范围内，正在出现一个调整过程，即尝试把地震工程学和结构抗震思路从基于水平单向反应谱，逐步调整到基于水平双向最大反应谱（BdM 谱）。这一过程的最终完成，尚需各个方面做出艰苦努力。本书尝试在这一领域做一些有可能得到更深入成果的工作。

1.2 抗震设计方法涉及水平地面运动强度方位特征的方面

水平地面运动强度的方位特征，强烈影响着水平地面运动强度，从而关系到水平地面运动强度指标的选择，关系到结构抗震设计的设计地震作用取值。当前，结构抗震设计方法包括底部剪力法、振型分解反应谱法、动力反应时程分析法、性能化设计方法。

虽然底部剪力法仍在使用，但结构抗震设计的主流方法是振型分解反应谱法。无论是底部剪力法，还是振型分解反应谱法，各国规范均以设计反应谱作为工程结构设计地震作用取值的主要依据。对于复杂结构或高度超过一定限值的高层结构，尚要求采用动力反应时程分析法进行补充计算。在采用动力反应时程分析法时，各国规范常规定以各自设计反应谱为目标谱选择动力反应分析中需要的地面运动记录，如我国《建筑抗震设计规范》(GB 50011—2010)[17]和《高层建筑混凝土结构技术规程》(JGJ 3—2010)[18]、美国 NEHRP 2015 (FEMA P-1050)[15]、欧洲规范 EC8 Part 1[19]规定、新西兰规范 NZS 1170.5：2004[20]和 NZS 1170.5 S1：2004[21]等。我国《高层建筑混凝土结构技术规程》(JGJ 3—2010)[18]规定，在性能化设计中，需要进行动力反应时程分析时，地面运动记录的选择原则与上述动力反应时程分析法相同，即选择地面运动记录时以设计反应谱为目标谱。

由此可见，在结构抗震设计理论的底部剪力法和振型分解反应谱法中，设计反应谱是结构设计地震作用取值的依据；在结构抗震设计理论的动力反应时程分析方法和性能化设计方法中，设计反应谱是地面运动记录选择和标定时的目标谱。因此，无论对于抗震设计中的底部剪力法和振型分解反应谱法，还是动力反应时程分析法和性能化设计法，设计反应谱均对结构的抗震安全性起着至关重要的作用。通常，设计反应谱以加速度反应谱表示。本书中，除特别说明外，所论及的设计反应谱均指由加速度反应谱表示的设计反应谱，且均指水平设计反应谱。

如果在设计反应谱中考虑水平地面运动强度的方位特征，即在当前结构抗震设计的主要方法中从根本上考虑了该方位特征。对于底部剪力法和振型分解反应谱法，在设计反应谱中考虑水平地面运动强度的方位特征，就已经在其抗震设计方法的全过程中考虑了该方位特征。但是，对于动力反应时程分析法和性能化设计法，由于地面运动记录的不确定性和其强度的方位特征，若仅在选择和标定地面运动记录所依据的目标谱中考虑水平地面运动强度的方位特征，可能尚且不足以在这两种结构抗震设计方法中体现水平地面运动强度的方位特征，尚需详细考察地面运动记录的选择和标定方法，以便在其中考虑水平地面运动强度的方位特征。

在结构抗震设计理论的动力反应时程分析法和性能化设计法中，由动力反应时程分析预测出的结构地震反应结果，与时程分析中所选择的地面运动记录密切相关[22~25]。同一个结构非线性分析模型，在不同的地面运动输入下，其地震反应结果的离散性较大[23]。面对这一情况，在评价结构的抗震性能时，很多抗震设计者深感困惑。因此，地面运动记录的选择在结构抗震性能评价中至关重要，地面运动记录选择方法的研究非常必要。

随着计算机技术的发展，现在的动力时程分析中多采用空间三维模型，并在结构模型的两个水平方向同时输入地面运动加速度时程，以获得结构模型在含有两个水平分量的地面运动激励下的地震反应。但是，迄今为止，关于地面运动记录选择方法的研究成果虽然众多，但是绝大多数都是针对在结构的一个水平方向输入一个水平分量地面运动加速度时程，从而获得结构在该加速度水平分量激励下该输入方向的地震反应，本书称这类方法为单向地面运动记录选择和标定方法。而针对需要同时在结构的两个水平方向输入地面运动的两个水平分量加速度时程的情况，如何选择和标定这样的地面运动记录的研究成果较少，本书称这类方法为水平双向地面运动记录选择和标定方法。虽然关于水平双向地面运动记录的选择和标定方法的研究成果颇少，但是对于复杂结构，设计者通常希望了解其在含有两个水平分量的地面运动激励下的地震反应，在动力时程分析中仍会输入含有两个水平分量的地面运动加速度时程。因此，有必要对双向地面运动记录的选择和标定方法进行深入的研究，以满足工程设计发展的需要。

地震时，地面运动是空间的，可以分解为三个平动分量和三个转动分量。结构也是空间的，其在多维地震作用下将产生复杂的空间振动。杨红等人[26]将双向、单向地面运动记录分别输入规则框架，在完成非线性动力反应分析后，发现在双向地震作用下，柱的强度退化比单向地震作用下更显著，且屈服后变形也比单向地震作用下更大；且相比于单向地震作用，双向地震作用下框架的塑性铰更多地集中在柱端，梁端的塑性转动反而相对减轻了，也就是说，规则框架在双向和单向地面运动记录输入下的塑性铰分布格局不同。杨红等人[27]的研究结果表明，相同“强柱弱梁”调整措施下，遭受双向地面运动激励的规则空间框架比遭受单向地面运动激励的规则平面框架的地震反应更严重。

对于不规则结构，单向地震作用将使其发生扭转，而双向地震作用将使其扭转效应进一步加剧[28,29]。另外，Chowdhury 等人[30]的试验研究结果表明，钢筋混凝土柱在双向加载下的弯曲变形比在单向加载下的弯曲变形大得多。这是因为竖向构件发生非弹性变形后，其在一个方向的损伤会影响其在另一个方向的强度和刚度。

因此，预测结构的地震反应时，即使是规则结构也常有必要进行双向地面运动输入，更不要说不规则结构。所以，极有必要进行双向地面运动记录选择和标定方法的研究，除了目标谱应体现水平地面运动强度的方位特征外，在选择、标定和输入时也需考虑该方位特征。

由此可见，在结构的抗震设计方法中，在设计反应谱、地面运动记录的选择和标定方法中涉及水平地面运动强度的方位特征。鉴于国内对水平地面运动强度方位特征的研究尚属空白，本书对水平地面运动强度的方位特征及其影响进行研究，并将其纳入结构抗震设计方法中进行考虑，包括在设计反应谱（也是动力反应时程分析法和性能化设计法选择和标定地面运动记录的目标谱）、地面运动记录的选择和标定方法中考虑该方位特征。

1.3 研究现状

随着人们对地震地面运动规律及其对结构地震反应规律认识的逐步深入，设计反应谱也在逐步发展。通常，设计反应谱以地面运动反应谱特性为基础，下面对地震地面运动反应谱特性的研究现状、设计反应谱的研究现状和地面记录选择和标定方法的研究现状做简要描述。

1.3.1 地面运动反应谱特性研究现状

1990 年，谢礼立等人[31]收集、分析了在中国和墨西哥得到的约 200 条数字强震仪加速度记录，计算了从周期 0.02~15s 的绝对加速度反应谱、相对速度反应谱和相对位移反应谱，并讨论了震级、场地条件和震中距对其的影响。

2004 年，周雍年等人[32]利用国内外几次大地震时获得的数字强震仪记录分析强地震动的长周期分量特性，给出了不同场地上的平均加速度反应谱及其拟合曲线，并指明现行抗震设计规范中设计反应谱的特征周期和长周期谱值明显偏小。

1993 年和 2003 年，翁大根等人[33,34]考虑到上海地区的地震地质的特殊性，专门挑选了一些类似上海地区场地条件的软弱场地的实际地震记录，对其反应谱和土层地震反应进行统计分析，在规范设计反应谱[35]的基础上把上海市设计反应谱周期范围延长至 10s，相应的研究成果反映在上海市抗震规程设计反应谱中。

1998 年，王君杰等人[36]提出了对当前公路工程抗震设计规范设计反应谱的修正方案，并通过对数字化强震仪记录的分析，从位移谱的考察出发增加了表达长周期地震动反应谱特性的参数。

1997 年，俞言祥等人[37]利用 1996 年南黄海地震记录，计算了其反应谱，结果表明这次地震动长周期成分较为丰富，将此次地震动反应谱与现有的华北地区基岩水平向加速度反应谱衰减关系对比后，发现现有衰减关系在长周期部分“上翘”严重。

2005 年，俞言祥等人[38]利用 1997 年新疆伽师强震群的宽频带数字地震记录，研究了震级大小和震源机制对长周期地震动特性的影响。结果表明：地震震级对长周期地震动的影响较为明显，震级越大，长周期地震动的成分越多；与走滑型地震相比，倾滑型地震的垂直向长周期成分更丰富，走滑型地震的水平向长周期加速度反应谱值高于正断层型地震的水平向长周期加速度反应谱值。

1998 年，汪素云等人[39]利用 65 次地震的中国数字地震台网记录，分别计算了不同阻尼比的基岩水平向相对位移反应谱、相对速度反应谱和绝对加速度反应谱，指出工程上常用的强震加速度记录不足以给出可靠的长周期地震动反应谱，而 CDSN 宽频带记录恰恰可以作为强震加速度记录的重要资料补充来源，用于长周期地震动反应谱特性的研究。但是，该研究中所用地面运动记录的数量有限，而且震级较小，最大震级才 6.5 级。

2011 年，张小平等人[40]比较了《建筑抗震设计规范》（GB 50011—2010）中的地震影响曲线和《中国地震动参数区划图》（GB 18306—2001）中使用的设计地震动反应谱，并参考实际工程场地的地震动反应谱，探讨了长周期结构工程地震安全性评价工作中的设计地震动反应谱长周期区段的确定方法。

2011 年，曹加良等人[41]针对国内外当前部分规范的长周期反应谱，指出了其存在的问题，通过选用 80 条水平向强震记录，计算了周期 0~10s、阻尼比 0.10~0.40 的相对位移反应谱，并研究了位移谱的影响因素及控制参数。

上述所有针对地面运动反应谱特性的研究中，较为遗憾的是，限于当时客观条件，作为研究对象的地面运动记录都集中在少数几次地震事件或者针对某次地震事件。而国外研究者则更多倾向于研究地震动参数衰减关系，而不是反应谱特性，因此国外研究中少有反应谱特性研究成果。地震发生时，受震源和传播介质中诸多偶然因素的影响，地面运动具有明显的随机性和不确定性。要想获得相对可靠的地面运动反应谱特性的统计规律，在归纳中应该囊括足够多的地震事件；

并且，在上述所有针对地面运动反应谱特性的研究中，作为研究对象的地面运动记录均为单向水平地面运动记录。但在每一次地震事件的每一个记录台站处，因记录地震地面运动的强震仪水平放置方位不同，记录得到的水平加速度时程也不同，对应的反应谱亦不同。也就是说，强震仪水平放置方位的偶然性势必带来单向水平加速度反应谱的偶然性，即水平地面运动强度的方位特征，而在上述这些地面运动反应谱特性的研究中均未考虑水平地面运动强度的方位特征。另外，由于近十五年超高层建筑的增多，结构周期增大，对这类结构进行设计和预测其地震反应时，所依据的反应谱还应在足够长的周期范围内足够可靠。

1.3.2　设计反应谱研究现状

设计反应谱上每个周期谱值的物理意义和大小，对于结构的抗震安全性至关重要。我国和美国均由地震动区划图给出某一设防地震动水平的一个或多个地震动参数，然后由相应规范给定设计反应谱形状，由此确定各自的设计反应谱形状。这里的地震动参数对应于水平地震动参数即水平地面运动强度指标。因此，设计反应谱上每个周期的谱值取决于设防地震动水平、水平地面运动强度指标的选择和设计反应谱的形状。

从《中国地震动参数区划图》（GB 18306—2001）[42,43]开始，中国采用地震动参数编制区划图，给出了 50 年超越概率 10%的有效峰值加速度和反应谱特征周期区划图。《中国地震动参数区划图》（GB 18306—2015）[44,45]则依据以人为本的理念，将抗倒塌作为编图的基本准则。因此，GB 18306—2015[44,45]将 50 年超越概率 10%地震动峰值加速度与 50 年超越概率 2%地震动有效峰值加速度/1.9 中的较大者定义为基本地震动，以该基本地震动作为编图指标，对应的概率水准为大致为 50 年超越概率 10%。《中国地震动参数区划图》（GB 18306—2001）[43]和《中国地震动参数区划图》（GB 18306—2015）[44]中给出的水平地面运动强度指标均为任意单向水平地震动峰值加速度。

随着积累的地面运动记录的增多和地震学者对于地面运动特性认识的深入，自 1974 年起，我国设计反应谱的形状经历了 1974 规范[46]和 1978 规范[47]、1989 规范[48]、2001 规范[35]以及 2010 规范[17]等几次发展，但都是在对大量单向地面运动记录的加速度反应谱进行统计平均、平滑处理，并考虑结构的抗震安全性作出人为调整后得出的[49~51]。也就是说，除了人为调整部分外，我国设计反应谱形状体现的是任意单向水平加速度反应谱的形状特征。将我国设计反应谱的物理意义结合《中国地震动参数区划图》（GB 18306—2001）[43]和《中国地震动参数区划图》（GB 18306—2015）[44]中给出的水平地面运动强度指标，即任意水平单向地震动有效峰值加速度，由此可知，除了人为调整部分外，我国 2001 规范[35]和 2010 规范[17]中设计反应谱每个周期的谱值代表的是任意单向水平加速度反应谱值。

美国国家地震减灾计划（National Earthquake Hazards Reduction Program，简称NEHRP）给出的NEHRP 1997（FEMA 273、FEMA 274）[52,53]是针对已有建筑的修复的，其最早正式规定设计地震按50年超越概率10%的地面运动确定，但不超过最大考虑地震MCE（Maximum Considered Earthquake）的2/3。此后的NEHRP 2000（FEMA 368、FEMA 369）[54,55]、ASCE 7-02[56]、NEHRP 2003（FEMA 450）[57,58]、ASCE7-05[59]也都是根据最大考虑地震MCE确定设计地震，将设计地震取为最大考虑地震MCE的1/1.5，即2/3。其最大考虑地震MCE对应的概率地震的超越概率均为50年2%。到NEHRP 2009（FEMA P-750）[10]和ASCE7-10[11]时将设计地震取为目标风险最大考虑地震MCER（Risk-targeted Maximum Considered Earthquake）的2/3，NEHRP 2015（FEMA P-1050）[15,16]亦然。其目的在于将概率地面运动（Probabilistic Ground Motions）由地面运动50年超越概率2%转变成结构的50年倒塌概率1%。

虽然NEHRP和ASCE 7多年来采用的设计反应谱形状基本未变，但是其设计反应谱值代表的物理意义是有变化的，即随着对地面运动规律认识的深入，这两套规范均对水平地面运动强度指标做了调整，即从美国地质调查局（United States Geological Survey，简称USGS）2008年地震动参数区划图[60]中以GMRotI50[6]作为水平地面运动强度指标，调整为NEHRP 2009（FEMA P-750）[10]、2014年USGS地震动参数区划图[13]以及NEHRP 2015（FEMA P-1050）[15,16]中以最大方向反应谱值[7,61]作为水平地面运动强度指标，即考虑了水平地面运动强度的方位特征。

由此可见，我国设计反应谱虽然也经历了多次发展，但相对于美国设计反应谱来说，其概念性的重大变动却相对较少。如果通过研究认为，美国设计反应谱的这些重要改变体现了地震学者和地震工程学者对地震地面运动规律及其结构地震反应规律影响的最新认识，特别是其对于水平地面运动强度方位特征的认识，则相比之下，我国设计反应谱尚存在较大的改进空间。

1.3.3 地面运动记录选择和标定方法研究现状

对于单向水平地面运动记录的选择方法，现有方法大致可以归纳为两类，一类是基于最不利地震动的选择方法[62~64]；另一类是基于目标谱的选择方法，如王亚勇等人[23,24]、杨溥等人[65]、胡文源等人[66]、高学奎[67]、Baker和Cornell[68~71]、Baker[72]、Haselton等人[73]、ASCE 7-02[56]、ASCE 7-10[11]、NEHRP 2000（FEMA 368、FEMA 369）[54,55]、NEHRP 2003（FEMA 450）[57,58]、NEHRP 2009（FEMA P-750）[10]、NEHRP 2015（FEMA P-1050）[15]和我国规范[17,18]等提出或使用的方法。可见，绝大多数方法都属于第二类方法，即基于目标谱的选择方法。这类方法之间的差异主要在于，选择地面运动记录时，所选择的目标谱和拟合目标谱时所控制的参数不同。对于这类方法所拟合的目标谱，我国学者和规范均选择我国规范[17,18]的设计反应谱作为目标谱；而国外学者或规范，有以其相应规范设计反应谱作为目标谱的，也有以条件均值谱作为目标谱的，如 Baker 和 Cornell[68~71]、Baker[72]。对于拟合目标谱时所控制参数的选择也差异较大，如杨溥等人[65]建议按控制反应谱两频率段（基于规范设计反应谱的平台段和结构基本自振周期段）的方法来选择地面运动记录，而 ASCE 7-10[11]、NEHRP 2000（FEMA 368）[54]等则要求考察备选地面运动记录的加速度反应谱在一个周期范围内与目标谱的贴合程度。而国内和众多国外学者或规范在地面运动记录选择中存在的一个重要差别是，众多国外学者均要求所选实际地面运动记录的震源机制、震级、距离等应与对地震风险起控制作用的地面运动的震源机制、震级、距离等相近，而国内仅王国新等人[74~76]认为所选地面运动记录应能反映对结构所处场地地面运动参数危险水平贡献较大的潜在震源区的影响。本书称震源机制相同、震级和距离等相近的地面运动为一个类型的地面运动，下文将以地面运动类型来表述。

在双向水平地面运动记录的选择和标定方法方面，除 FEMA P695[77]因其不是针对具体地震环境下的特定结构而是以广泛适用性为目的，因而不是基于目标谱选择地面运动记录外，ASCE 7-02[56]、ASCE 7-10[11]、NEHRP 2000（FEMA 368）[54]、NEHRP 2003（FEMA 450）[57,58]、NEHRP 2009（FEMA P-750）[10]、NEHRP 2015（FEMA P-1050）[15]、美国太平洋地震研究中心（Pacific Earthquake Engineering Research Center，简称 PEER）的《高层设计导则》[78]、欧洲规范 EC8 Part 1[19]、新西兰规范 NZS 1170. 5：2004[20]和 NZS 1170. 5 S1：2004[21]、我国规范[17,18]和杨红等人[79]均基于目标谱来选择双向水平地面运动记录。但是，这些方法在目标谱、备选地面运动记录的地面运动类型和标定方法的规定上均有差异，特别是在标定方法方面。

从逻辑上说，标定时备选地面运动记录谱和目标谱的谱值物理意义应一致。也就是说，在选择地面运动记录时，如果目标谱是单向水平反应谱，那么应以备选记录的单向水平反应谱去拟合谱；如果目标谱是某种物理意义的双向水平反应谱，则应以备选记录同样物理意义的双向水平反应谱去拟合该目标谱。例如，如果目标谱是由两个水平分量的几何平均谱得出的，那么选择和标定地面运动记录时应以备选双向水平地面运动记录的几何平均谱去拟合该目标谱。例如，NZS 1170. 5：2004[20]和 NZS 1170. 5 S1：2004[21]的设计反应谱是由包络分量衰减关系得出，以其为目标谱的话，按照上述原则，选择和标定双向水平地面运动记录时应以备选双向水平地面运动记录的包络谱去拟合。但是，除了 NEHRP 2015（FEMA P-1050），当前所有这些双向水平地面运动记录的标定方法均不具备这一一致性[15]。

由单向水平地面运动反应谱统计特性得出的我国设计反应谱，它的每个周期点处的反应谱值都具有单向水平地面运动记录反应谱的含义。选择地面运动记录拟合这样的反应谱时，备选地面运动记录的反应谱值也应该以单向水平地面运动记录的谱值去与其进行拟合，而不是两个水平分量记录的反应谱的各种组合值或者包络值或者任意值。从这个角度来说，我国设计反应谱不适合作为选择和标定双向水平地面运动记录的目标谱。

除 FEMA P695[77] 以外，上述这些双向水平地面运动记录选择方法均是基于目标谱的。而所有基于目标谱来选择地面运动记录的方法，最明显的特征在于，选出的地面运动记录在所关注的周期范围内的反应谱值均会比较逼近该目标谱，因而不能体现地面运动的不确定性，也就人为缩小了由此预测出的结构地震反应的不确定性。如果该目标谱体现了该地震风险水准（如罕遇地震）地面运动的中值强度，拟合该目标谱选择出来的地面运动就将体现该地震风险水准的中值强度，在动力时程分析中把这些地面运动输入给结构模型，就可以得到该地震风险水准（如罕遇地震）下结构地震反应的中值预测值。当需要了解结构在一定地震风险下，由于地面运动的不确定性而导致的结构地震反应的分布情况时，这类基于目标谱选择地面运动记录的方法显然是不合适的。

我国规范[17,18]对于双向水平地面运动记录选择和标定方法的规定相对较为笼统，其中可能存在以下不足之处。

（1）未充分考虑结构所处场地周围地震环境的影响。每个特定结构所处的地震环境不同，对其地震风险起控制作用的地面运动类型不同，各不同类型地面运动记录输入下的结构地震反应可能也不相同。要合理预测结构地震反应，输入的地面运动记录应体现结构所处场地地震环境的影响。

（2）我国规范设计反应谱中长周期段考虑到结构安全需要而进行了人为调整[49,50]，而其他周期段未经人为调整，因而以其为目标谱选择出的地面运动强度对于各周期结构而言不具有统一的统计意义。

（3）当前我国工程界在选择地面运动记录时，有时会出现选用频谱信息最长可信周期仅 2~4s[80] 的模拟式强震仪记录来激励第一自振周期长达 5~6s 的长周期结构的情况，这显然是不合理的。

（4）选择双向水平地面运动记录时，并没有给出具体标定方法，仅要求双向地面运动记录两个水平分量的加速度峰值按 1（水平 1）：0.85（水平 2）的比例调整。

1.4 研究内容和目的

在结构的抗震设计方法中，设计反应谱、地面运动记录的选择和标定方法均涉及水平地面运动强度的方位特征。鉴于当前国内尚无关于水平地面运动强度方位特征的研究结果，本书研究水平地面运动强度的方位特征及其影响，并将其纳入结构抗震设计方法中，包括在设计反应谱（也是动力反应时程分析法和性能化设计法选择和标定地面运动记录的目标谱）、地面运动记录的选择和标定方法中考虑该方位特征。

为研究水平地面运动强度的方位特征及其影响，需建立地面运动记录数据库，获得体现水平地面运动强度方位特征的双向水平最大加速度反应谱 BdM 谱特性并识别其与单向水平加速度反应谱 Und 谱特性的差异。

设计反应谱上每个周期谱值的物理意义和大小，对于结构的抗震安全性至关重要。我国设计反应谱虽然也经历了多次发展，但相对来说，美国设计反应谱做出了更多的概念性的重大改变，特别是对于水平地面运动强度方位特征的考虑。本书认为，有必要对比中、美两国设计反应谱的发展历程，从而识别出其中能体现地震学者和地震工程学者对地震地面运动规律及其对结构地震反应规律影响的最新认识，特别是对于水平地面运动强度方位特征的考虑，并据此对我国设计反应谱的发展方向提出建议。

鉴于上述预测结构地震反应时输入双向水平地面运动记录的需要，并考虑到我国规范当前在双向水平地面运动记录选择和标定方法方面的不足之处，本书在汇总整理当前地面运动记录选择和标定方法后，系统地探讨选择和标定地面运动记录应遵循的原则，特别是在其中考虑水平地面运动强度的方位特征。在掌握双向水平最大加速度反应谱特性的基础上，针对合理预测结构在一定地震风险下地震反应中值的需要，提出考虑水平地面运动强度方位特征的双向水平地面运动记录选择和标定方法。并且，在本书所掌握的双向最大加速度反应谱特性统计规律的基础上，根据预测结构在一定地震风险下地震反应分布情况的需要，提出考虑地面运动记录不确定性后的双向地面运动记录选择和标定方法。

为此，本书研究的内容包括以下几个方面：

（1）由于当前超高层结构日益增多，结构基本周期相应增大，作为这类结构的设计地震作用取值依据的设计反应谱和用以预测其地震反应所依据的目标谱在长周期范围内应较为可靠。为此，需先行了解强震记录仪的技术演变过程、地面运动记录处理的手段、处理后地面运动记录具有可靠频谱信息的最长可信周期（对工程抗震而言）。

（2）考察各种表征双向水平地面运动强度的强度指标。汇总并整理当前所有表征双向水平地面运动强度的方法，掌握各自方法之间差异的本质，考察体现水平地面运动强度方位特征的双向最大加速度反应谱值作为水平地面运动强度指标的合理性。

（3）为获得体现水平地面运动强度方位特征的双向最大加速度反应谱的特

性，需建立相应的地面运动记录数据库。为了使经大量实际地面运动记录的反应谱统计得出的反应谱在长周期范围内较为可靠，首先要求这些实际地面运动记录在长周期范围内的频谱成分足够可靠。因此，要求地面运动记录数据库中所有地面运动记录的最长可信周期都不小于10s，且应涵盖足够多的地震事件。

（4）根据建立的地面运动记录数据库，考察体现水平地面运动强度方位特征的双向水平最大加速度反应谱的特性及其与单向水平地面运动反应谱特性的差异；并将体现水平地面运动强度方位特征的双向水平地面运动反应谱与我国设计反应谱进行比较，推测以我国设计反应谱为依据进行结构设计和为了预测结构地震反应而选择地面运动记录的目标谱时，未考虑水平地面运动强度的方位特征可能给结构抗震性能带来的影响，并为我国设计反应谱更为合理的形状给出建议。

（5）从设防地震动的确定、水平地面运动强度指标和设计反应谱的形状角度分析，梳理我国和美国设计反应谱的发展历程，识别出地震学者和地震工程学者对地震地面运动规律及其对结构地震反应规律影响的最新认识，并根据我国设计反应谱与这些最新认识的差距，为我国设计反应谱的发展方向提出建议，其中特别关注对于水平地面运动强度方位特征的考虑方法。

（6）在汇总并整理当前地面运动记录选择和标定方法后，系统地探讨选择和标定地面运动记录应遵循的原则，并指出我国规范当前在双向水平地面运动记录选择和标定方法中有待改进之处。在体现水平地面运动强度方位特征的双向水平地面运动反应谱特性的基础上，提出预测结构在某地震风险下反应中值时的双向水平地面运动记录的选择和标定方法。

（7）根据体现水平地面运动强度方位特征的双向水平地面运动反应谱特性的统计分布规律，针对预测结构在一定地震风险下地震反应分布的需要，提出考虑地面运动不确定性的双向水平地面运动记录选择和标定方法。该法亦需同时满足上述选择和标定地面运动记录应遵循的原则。

2 建立地面运动数据库

2.1 引　言

为考察水平地面运动强度的方位特征及其影响，本书研究体现水平地面运动强度方位特征的双向水平最大加速度反应谱 BdM 谱特性及其与单向水平加速度反应谱 Und 谱特性的差异。然而，地面运动是一个复杂的现象，研究者们对许多影响地面运动特性的重要因素尚难以精确估计，如震源与传播介质中千差万别的动力过程与裂隙的构造等，从而存在许多不确定性。因此，本书根据研究需要建立的地面运动记录数据库，并采用统计分析方法考察 BdM 谱特性及其与 Und 谱特性的差异。

同时，考虑到近年来超高层结构日益增大，结构基本周期相应加长，作为这类结构的设计地震作用取值依据的设计反应谱和预测其地震反应时所依据的目标谱在长周期范围应较为可靠，即噪声影响在控制范围内。为了确保本书获得的 BdM 谱特性在较大的周期范围内均可靠，用来获得 BdM 谱特性的地面运动记录数据库中的所有地面运动记录都应在较大的周期范围内具有可靠的频谱信息。

为此，首先需要了解强震仪的特点、强震仪记录中噪声的来源；然后，需要了解为了降低噪声，地震学者所采取的处理手段；最后，需要了解处理后记录中噪声影响足够小的周期范围（称为可信周期范围）。在掌握了地面运动记录可信周期的确定后，收集众多可信周期范围足够大的记录，建立Ⅱ类场地地面运动记录数据库，以作为本书后续 BdM 谱特性考察的基础。

2.2 强　震　仪

地震地面运动，是由震源释放出的地震波引起的地表附近土层的振动。强烈的地震地面运动，可能造成结构物的破坏从而危及人身安全，造成经济损失，是引起工程结构震害的外因。为了研究结构物的地面运动输入特性、结构物的抗震特性，从而为结构物的抗震设计提供依据，抗震工作者采用强震仪观测强地震发生时观测点处的地面运动和结构振动反应。这一采用强震仪量测地面运动的工作，始于 20 世纪 30 年代，至 50 年代形成系统。由于地面运动加速度与地震惯性力联系密切，强震仪量测的地面运动的物理量大多选定为地面运动加速度。

但是，强震加速度记录多为各种噪声所污染，需识别其中的各种噪声及其对地面运动参数的影响，并采用相应的处理手段（如基线调整、低通滤波、高通滤波等），降低噪声污染，并根据处理后残留噪声污染的轻重，来决定相应记录中的哪些频段能够应用于地震工程和工程抗震的研究。

2.2.1 模拟式强震仪

早期的强震仪为模拟式强震仪。这类强震仪将机械和光学设备集成在一个仪器中，在感光纸或胶片上记录地面运动加速度的轨迹。第一个模拟式强震仪于1932年安装于美国。第一个强震加速度记录来自1933年3月的美国加利福尼亚Long Beach地震。由模拟式强震仪得到的记录，需要先对其进行数字化，然后再进行各种校正处理。

Boore等人[80]认为，由模拟式强震仪记录得到的地震记录，存在以下几项缺点：（1）为了节约大量的记录介质，一般情况下模拟式强震仪只是处于待机状态，直到被一个设定的加速度阀值（通常设为10cm/s^2）触发后才开始记录。也就是说，地震开始的那一小部分小于触发阀值的地面运动没有被记录到，称为“丢头”现象。而丢失的那部分信号能为研究地震时的环境噪声提供有利信息。（2）由于假定单摆的位移反应正比于其基座的加速度，而该假定只有在单摆的自振频率显著大于记录的地面运动频率时才成立。一个自振频率很大的单摆，需要的刚度极大，故其质量块的位移会很小。同时，为了获得辨识度高的记录，要求质量块和记录介质间有足够大的距离，这就会造成仪器体量较大。于是，模拟式强震仪的传感器的自振频率通常被限制在25Hz左右。也就是说，地震记录中接近或超过25Hz部分的信号信息的幅值和相位是失真的，因而不可信[81]。（3）对记录介质上的记录轨迹进行数字化处理是一件极为费时费力的工作，同时该数字化处理过程也是模拟式强震仪记录误差的主要来源。（4）记录介质引起的长周期误差可能较大，如由于记录纸在机械运动中的横向移动、记录纸在冲洗过程中的畸变等引起的长周期误差。

Trifunac等人[82]详细研究了模拟式强震仪记录的误差和种类，认为其主要来自两个方面，一是仪器的记录误差，二是数字化处理误差。其中，仪器的记录误差源自感光纸或胶片的弯曲或变形、仪器自身运作过程中产生的噪声和背景噪声。数字化处理误差是指由于人的参与而在数字化过程中产生的误差。由于作为记录介质的感光纸或胶片中点的不精确确定，通常会出现随机误差，这种误差通常会导致数字化记录高频误差的产生。如果对持时较长的模拟式强震仪记录的基线分段数字化，然后再拼接在一起，将会导致这些不同分段的基线有所差异，这将会以基线变化的形式产生低频误差。

俞言祥[83]认为模拟式强震仪记录长周期误差主要由以下因素产生：记录介

质在机械运动中的横向移动，记录介质在冲洗过程中的畸变，记录仪器的低频失真，数值化设备的长周期系统误差，数字化过程中的长周期偶然误差等。

2.2.2　数字式强震仪

20 世纪 70 年代后期，数字式强震仪问世，它弥补了模拟式强震仪的上述缺点。相对于模拟式强震仪，数字式强震仪具备以下优点[80]：（1）由于数字式强震仪的记录介质可重复使用，数字式强震仪是持续工作的，可由震前记录获得到达的第一个地震波，即使其相当微弱。因此数字式强震仪记录无“丢头”现象，使得初始基线的不确定性得以降低。（2）数字式强震仪的动态范围很宽。其传感器的动态范围可达 50～100Hz，甚至更高，从而使得高频地震信息更为可靠。（3）数字式强震仪自动实现模数转换（Analog-to-Digital Conversion），因而相对于模拟式强震仪记录来说，省去了人工数字化的过程，也避免了模拟式强震仪中记录介质的变形和侧向移动、记录速度不稳定和数字化过程带来的长周期误差。（4）数字式强震仪记录比模拟式强震仪记录的精度更高。因此，相比于模拟式强震仪记录，数字式强震仪记录的噪声水平已大大降低了，且其低频性能较好，可以用来获取更为可靠的地面运动长周期特性[84]。

尽管数字式强震仪相对于模拟式强震仪存在上述优点，但是数字式强震仪记录仍然存在噪声污染，基线仍然存在偏移[85]。例如，以图 2-1 中 1999 年中国台湾集集地震未处理的记录为例[80]。从图 2-1 可以看出，由于基线偏移的存在，由加速度时程积分得到的速度时程和位移时程明显失真。数字式强震仪记录的基线偏移主要来自记录过程中的误差，该误差主要影响长周期信号，故而称其为低频

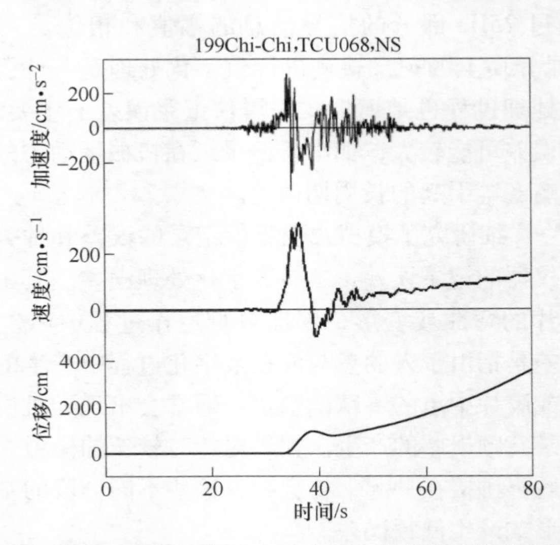

图 2-1　未处理的加速度、速度和位移时程（1999 年中国台湾集集地震 TCU068 NS）

误差。数字式强震仪记录中的低频误差，基本可以分为仪器噪声和场地背景噪声两大类。仪器噪声主要有电子噪声，可能因采样率不足引起的误差、传感器材料和电路的微小磁滞效应以及其他不同原因引起的噪声。数字式强震仪的低频响应良好，一般不需要对其进行校正。数字式强震仪的采样率通常在200点/s，这样高的采样率不会引起多大的低频误差。分辨率不足引起的低频误差也很有限。电子噪声和其他一些不明原因的噪声可能会引起记录的基线产生微小变动。电子噪声的水平，与仪器本身有关，同时也受环境因素的影响。场地背景噪声来源于各种环境振动，包括海洋、风、各种人为活动等。场地背景噪声的频率范围很宽，基本上接近白噪声，其水平取决于场地所处环境。数字式强震仪记录提供的震前记录和震后记录，虽然可以为仪器噪声和环境背景噪声提供直接的综合模型，但是经常发现噪声的重要组成部分是与信号自身有关的。因此震前记录提供的噪声模型并不完整，因为它没有捕捉到信号产生的噪声[80]。

2.3 误差处理方法

强震记录的噪声分为高频噪声和低频噪声，不同的噪声采用的处理手段不同。

2.3.1 高频噪声处理方法

模拟式强震仪记录的高频噪声来源于两个方面：（1）由于传感器的自振频率通常限制在25Hz左右，使得地震记录中接近或超过25Hz部分的信号信息不可信；（2）数字化过程中产生的高频误差，该误差是由于对感光纸或胶片的中点的不精确确定引入的随机误差。

在靠近强震震中附近的坚硬场地上，有可能记录到高频地面运动信息。而在较软的场地上，高频信号会被过滤掉。另外，高频信号随着距离的增加快速衰减。因此，对于远离震中的较软场地上的地面运动，由于软土滤掉了其中的高频成分，一般不需要做仪器校正。对于模拟式强震仪记录，如果工程应用上关心20Hz以上的地面运动信息，并且记录的场地相对足够坚硬，则需要考虑仪器校正来获得该高频信息。对于数字强震仪记录而言，由于其传感器响应在频带范围内不会震荡，因此不一定需要做仪器校正。仪器校正需谨慎采用，因为仪器校正会放大高频振动；如果数字化过程引入了高频误差，则仪器校正会放大该误差。因此，除非理由充分，一般不建议做仪器校正。

如果有足够的依据判断记录中有显著的高频噪声，或者由于某些原因希望减少或者移除高频成分，可以做低通滤波处理。低通滤波，即低于规定频率的信号能正常通过，而超过该频率的信号被阻隔、减弱，其阻隔、减弱的幅度则会依据不同的频率以及不同的滤波程序（目的）而改变。

信号能够通过的频率范围，称为通频带或通带；反之，信号受到很大衰减或完全被抑制的频率范围称为阻带；通带和阻带之间的分界频率称为截止频率。如果将滤波程序的频率响应由一个频带突变到另一个频带，将带来波形的严重扭曲。因此，往往在通带与阻带之间留有一个由通带逐渐变化到阻带的频率范围，该频率范围内的信号被逐步衰减（称为滚降），这个频率范围称为过渡带。通常，滤波程序的设计尽量保证滚降范围越窄越好，这样滤波程序的性能就与设计目的更加接近。然而，随着滚降范围越来越小，通带就变得不再平坦——开始出现“波纹”，这种现象在通带的边缘处尤其明显。

进行低通滤波时要考虑两点：（1）低通滤波的作用方式和仪器校正相反，两者在一定频率范围内会互相抵消；（2）低通滤波的频率不能超过奈奎斯特频率。

2.3.2　低频噪声处理方法

低频噪声的处理方法，主要是指基线校正和高通滤波。

从理论上讲，在地震波尚未到达之前，地面的加速度、速度、位移的初始值都应为零，但由于电磁噪声、背景噪声以及传感器初始零位偏移的存在，强震仪记录的实际初始值并不为零。很小的加速度初始值，在积分的过程中逐步被放大，以致位移时程的基线明显逐渐偏移，也就是说，会导致位移时程中的明显误差。基线偏移通常解释为记录中伴随信号的低频噪声（长周期误差）导致的。因此，为了减小由于初始速度值不为零而产生的误差，有必要在由速度时程积分得到位移时程之前，对速度时程进行专门的基线调整。模拟式强震仪记录和数字式强震仪记录，都有参考基线偏移的问题，都需要做基线调整。

一般在基线调整前，首先对原始记录减去震前部分平均值，这样就使得震前部分的加速度从理论上很接近零；没有震前记录，则减去整个加速度时程的平均值。由于这种方法在本质上只是使加速度时程的零线上下平移，并没有改变零线的形状，因此这种方法也称为加速度时程零线调整，也是常规未处理加速度记录处理中的主要内容，这一处理过程也称为 RAP（Removing Average of Pre-event）。一般所说的基线调整，均是在零线调整的基础上进行的。基线调整[84,86~89]，即从加速度时程减去一个或多个分段基线。该基线可能是直线，也可能是多项式描述的曲线。

从理论上说，地震过后大地停止振动，地面运动的末速度应为零，在没有永久位移的情况下，位移也应当为零；若记录台站发生了永久位移，则位移时程末尾的值即为台站在该方向上的永久位移。因此，判定基线偏移是否被消除或基线调整是否完成有两个准则：（1）速度时程的末时刻，速度为零。（2）一般认为地面的位移发生在强震持时段，因此位移时程末尾段的位移值应该稳定。如果地面没有永久位移，则位移时程末尾段的位移值应为零，否则应等于该永久位移值。也就是说，地震动末尾部分的位移时程基本上应平行于时间轴。

用来减小记录中的低频噪声的另一个广泛应用的手段是高通滤波。与低通滤波相反，高通滤波即高于规定频率的信号能正常通过，而低于该频率的信号被阻隔、减弱。图 2-2 中给出了当 Butterworth 高通滤波截止频率 $f_c = 0.05$Hz 时，不同滚降阶数的响应。从图 2-2 中可以看出，对应于 $f_c = 0.05$Hz 的周期 20s 以上的信号已经被部分移除了，滚降阶数越大，信号衰减越快。例如，当滚降阶数较小时，如图 2-2 中的滚降阶数 $n=2$，此时周期为 10s 的信号已被部分移除了。

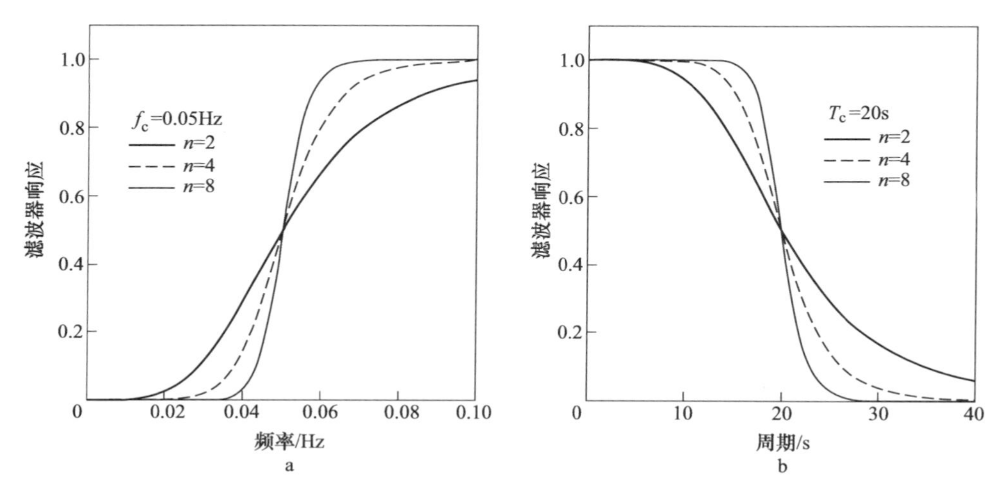

图 2-2 Butterworth 高通滤波频率（a）和周期（b）响应函数（$f_c = 0.05$Hz）

高通滤波对加速度时程的影响很小，但对速度和位移时程的影响很大[80]。图 2-3 给出了模拟式强震仪记录的 1940 年 El Centro 和数字式强震仪记录的 1999 年中国台湾集集地震的各一个记录在高通滤波前后的加速度、速度和位移时程。从图 2-3 可以看出，高通滤波前后，加速度时程几乎无变化，但是速度和位移时程均有明显改变。高通滤波中最关键的是截止频率的选择，不同的截止频率对位移时程的影响很大。图 2-4 中给出了同一记录在不同截止频率下对应的位移时程，从中可以看出，不同截止频率下的位移时程的差异明显。因此，高通滤波中的截止频率的选择至关重要。

判断高通滤波截止频率的标准有：

（1）比较记录和噪声模型的傅里叶谱的信噪比。数字记录的噪声模型可以从震前记录获得，模拟式记录的噪声模型可以从模拟记录的固定轨迹或记录仪和数字化仪的研究中获得。

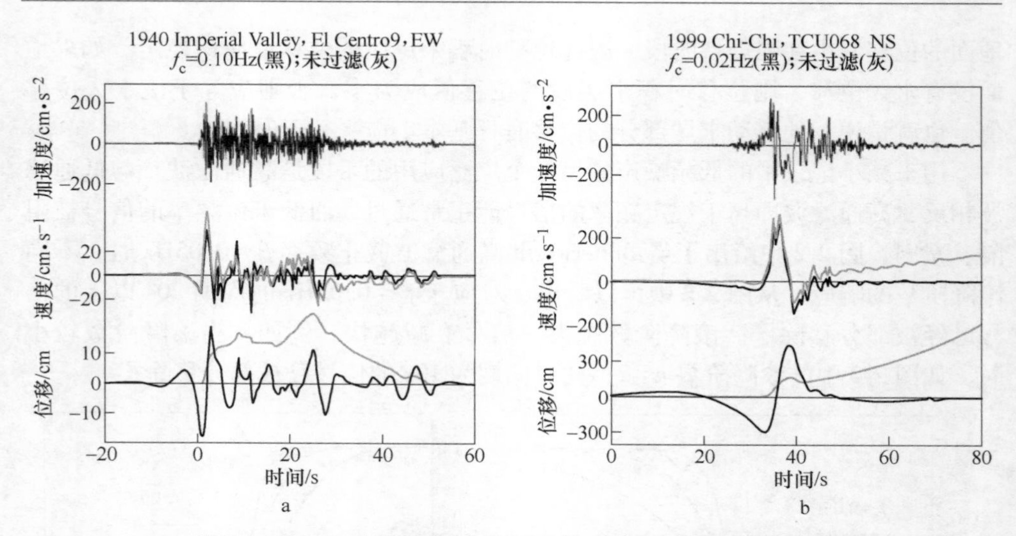

图 2-3　地面运动记录高通滤波前后加速度、速度和位移时程

a—EW 分量；b—NS 分量

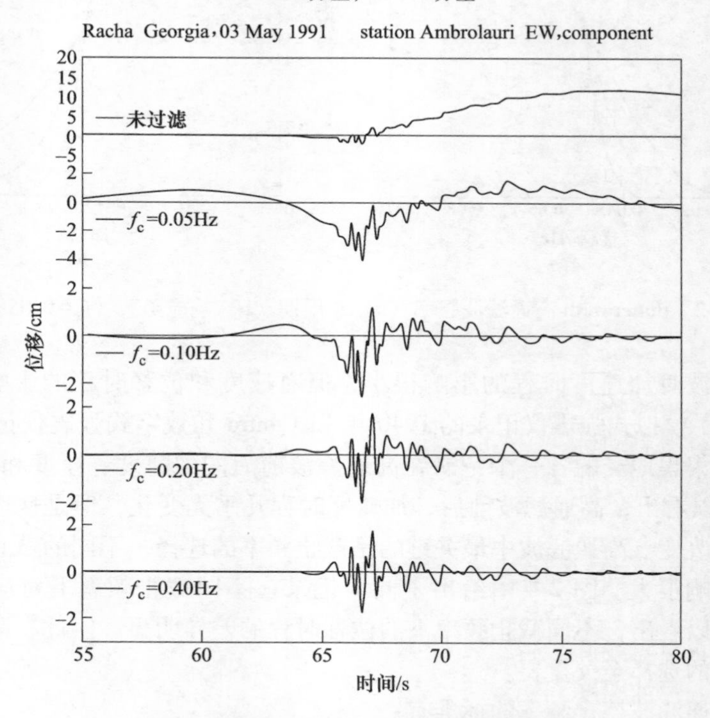

图 2-4　不同高通滤波截止频率下的位移时程

（2）判断记录的傅里叶谱幅值谱从什么频率开始偏离f^2的衰减规律，这里f表示频率。地震学理论表明，无论是根据单拐点频率的 Brune 模型还是更复杂的

双拐点频率模型，在低频部分，加速度的傅里叶幅值谱按f^2衰减。噪声的出现会造成傅里叶幅值谱在低频段的翘起。因此，为了获得能够与理论上傅里叶幅值谱在低频段相匹配的趋势，应该根据傅里叶幅值谱的变化趋势来判断截止频率的位置。

（3）将滤波后的加速度记录积分后得到速度时程和位移时程，判断这两个时程是否符合物理意义。

（4）同一地震的若干台站的记录，在长周期段存在着空间协同性（Spatial Coherence）[88]，这也是判断滤波参数是否合理的一个标准。但是，近场地震可能由于方向性效应而不满足这一点。

（5）如果符合单一拐角频率模型，地面运动记录的理论傅里叶谱幅值谱在频率小于拐角频率f_0时开始衰减。拐角频率f_0基本与断裂破裂时间的倒数成正比。因为断裂传播速度通常在2~3km/s之间，断裂破裂时间与断裂长度有关，因此与震级有关。如果高通滤波截止频率大于f_0，则意味着一部分有效信号被移除了，应当谨慎。

需要特别说明的是，强烈地震时，近断层地面可能产生永久变形，但经高通滤波处理后得到的位移时程中，却消除了地面的永久位移信息。因此，高通滤波的方法不适合于发生地面永久位移的特大地震近断层强震记录的基线调整[85]。

2.3.3 中国IEW和美国USGS、PEER地面运动记录处理思路

通常，联合采用基线调整和高通滤波移除低频噪声。图2-5给出了2000年2月21日Loma Linda地震的一个加速度时程记录分量的未处理、仅高通滤波、仅基线调整、高通滤波同时基线调整后的速度和位移时程。从图2-5中可以直观看出，显然其中同时采用高通滤波和基线调整后得到的速度和位移轨迹是最容易被接受的，特别是位移时程。

中国国家强震动台网中心用来进行零线校正的基本程序IEW[90]，按如下步骤对加速度记录进行处理：

第一步：用减去事前记录部分平均值的方法对原始加速度记录作零线调整（RAP）。如果记录没有事前部分，则用减去记录全长平均值的方法或者用最小二乘法调整零线。

第二步：对零线调整后的加速度记录用Butterworth数字滤波器作高通滤波，截止频率可通过加速度记录信号与事前噪声记录的傅里叶谱分析确定。如果没有事前噪声记录或事前噪声记录太短，则可以根据经验选定一个或几个截止频率进行试算，从最后得到的位移曲线的零基线漂移是否消除来判定合适的截止频率。

第三步：对滤波后的加速度记录积分计算速度和位移时程。在积分位移前，对积分速度曲线作零位调整。位移时程零线消除漂移后，若有长周期分量影响，

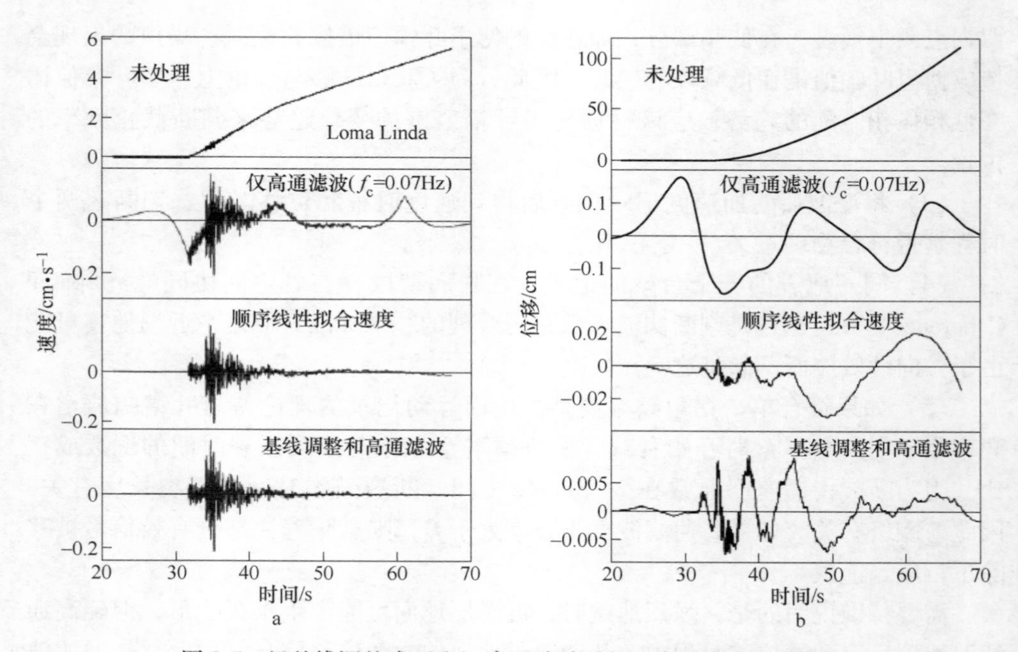

图 2-5　经基线调整或（和）高通滤波后的速度和位移时程举例

a—速度时程；b—位移时程

再对位移时程作高通滤波，截止频率确定方法同上。

美国地质调查局 USGS 的 BAP（Basic Strong-Motion Accelerogram Processing Software）[87] 地面运动处理软件采用的基本思路如下：

第一步：用减去事前记录部分平均值的方法对原始加速度记录作零线调整（RAP）。如果记录没有事前部分，则用减去记录全长平均值的方法。

第二步：将做过 RAP 的加速度时程积分，得到速度时程。

第三步：如果速度时程失真，有明显的线性倾斜趋势，则对 RAP 后加速度时程做基线调整。

第四步：对基线调整后的加速度时程进行 8 阶非因果 Butterworth 高通滤波和低通滤波。

美国 PEER 地面运动记录处理[91] 的基本思路如下：

第一步：用减去事前记录部分平均值的方法对原始加速度记录作零线调整（RAP）。如果记录没有事前部分，则用减去记录全长平均值的方法。

第二步：在频域范围内对记录进行非因果 Butterworth 滤波。

第三步：将滤波后的记录减去非因果滤波过程中添加的零值，然后对其两次积分得到位移时程。

第四步：对上述位移时程进行 6 阶多项式拟合，从加速度时程中减去该多项式的二阶导数。

第五步：对加速度时程进行积分得到速度和位移时程。

2.4 可信周期

从上文可知，由于记录被噪声污染，为尽可能剔除记录中的噪声，需要对得到的原始记录进行处理。从图 2-2 可以看出，高通滤波导致在过渡频率带的地面运动幅值和能量被压缩，以至过渡带的信号不能代表真实的地面运动信息；而且，该过渡带的位置和压缩情况与 Butterworth 滤波截止频率和滚降阶数相关。也就是说，经处理的地面运动记录，由于处理时采用参数的不同，其工程可信周期范围也各不相同。本书关心的是最长可信周期。例如，对于图 2-2 中滚降阶数较小（$n=2$）、Butterworth 高通滤波截止周期为 20s 的情况，处理后记录的最长可信周期一般不超过 10s。

对于处理后记录的最长可信周期，研究者们的取值不一。Abrahamson 和 Silva[5]、Spudich[92] 等人在研究反应谱值衰减关系时，将每个记录的最长可信周期取为 1.25 倍截止频率对应的周期。对应于 1.25 倍截止频率，最小可信谱值频率是滤波响应函数刚好相对于最大响应下降 0.5dB 的傅里叶频率。Bommer 和 Elnashai 在建立位移反应谱的衰减关系时，取每个记录的最长可信周期为截止周期减去 0.1s[80]。早期使用的模拟式强震仪记录，受其频率特性和记录的数字化转化步骤的影响，很难从这些记录中获得真实可靠的长周期频谱信息。在经过基线校正、带通滤波等处理措施后，通常只能用于最多到 3s 的地面运动短周期特性的研究[31,93,94]。相比之下，新一代数字式强震仪频带特性有了很大改善，动态范围增大，并且克服了人工数字化等原因带来的长周期误差。多数熟悉这类仪器记录的研究者[39,84,95,96]均认为，这类仪器能够记录到较好的长周期信息，可以用来研究地面运动的长周期特性。一般认为这类仪器记录中的有效频率成分可达周期为 10s 左右，甚至有研究[97]在对比距离相近的 GPS 数据和强震观测台站数据后，认为数字式强震仪可能给出直到周期 30s 的可靠相对位移反应谱。但也有研究结果[80]表明，每个数字式强震仪记录因其处理过程选用的参数不同，导致其处理后的可信周期也不尽相同。

PEER 强地面运动数据库 NGA-West1[98] 对每个地面运动记录给出了最小可信频率 LUF（Lowest Useable Frequency）。本书称对应于最小可信频率 LUF 的周期为最长可信周期。也就是说，对于 PEER 地面运动数据库 NGA-West1 中的每个地面运动记录，均可以由最小可信频率 LUF 确定其相应的最长可信周期。PEER 强地面运动数据库 NGA-West1 确定最小可信频率 LUF 时，采用了上述的−0.5dB 标准，这一标准也沿用到现在明显扩容后的 PEER 强地面运动数据库 NGA-West2 之中[99]。PEER 强地面运动数据库 NGA-West1[98] 和 NGA-West2 之中[99]定义每条地面运动记录的最小可信频率 LUF 的原则为：（1）当采用 Butterworth 高通滤波时，

LUF 取为滤波响应函数刚好相对于最大响应下降 0.5db（约为最大值的 94%）的傅里叶频率。(2) 当采用 Ormsby 高通滤波时，LUF 取为拐角频率。(3) 当没有进行滤波时，LUF 由经验确定。

由于小于最小可信频率 LUF 的频率范围内的信号，不能代表真实的地面运动信息，PEER 地面运动数据库 NGA-West1[98] 中建议所选地面运动的最小可信频率 LUF 等于或小于感兴趣的最小频率，即建议所选地面运动记录的最长可信周期不小于感兴趣的最长周期。

2.5　地面运动数据库

为考察水平地面运动强度的方位特征及其影响，本书建立了专用的地面运动记录数据库，并采用统计分析方法考察体现水平地面运动强度方位特征的双向水平最大加速度反应谱 BdM 谱特性及其与单向水平加速度反应谱 Und 谱特性的差异。

从美国太平洋地震研究中心（PEER）的强地面运动数据库（http://peer.berkeley.edu/peer_ground_motion_database）中，选取Ⅱ类场地、最长可信周期不小于 10s 的 1702 组水平地面运动记录，建立了本书地面运动数据库。每一组地面运动记录均含有两个水平地面运动记录分量，最长可信周期即为 PEER 强地面运动数据库中每组地面运动记录的最小可信频率（Lowest Usable Frequency）的倒数。所有地面运动记录的震级采用矩震级 M，M 在 5~8 之间；距离采用震中距 R，R 在 0~250km 之间。场地条件、震级 M 和距离 R 是影响反应谱的重要参数[100]，因此根据震级 M 和距离 R 对数据库进行分档（见表 2-1），以便考察每档地面运动 BdM 谱特性及其与 Und 谱特性的差异。作为对 BdM 谱特性及其与 Und 谱特性的差异的第一次基础性研究，本书仅选择了场地类别中的Ⅱ类场地作为研究对象，这与中国地震动参数区划图仅给出Ⅱ类场地地震动参数区划图的做法是一致的。需要特别说明的是，由于其中 $7.0<M\leqslant 8.0$、距离 50km 以内的地面运动组数较少，所以在后面分档研究 BdM 加速度反应谱特性及其与 Und 谱特性的差异时，将 $7.0<M\leqslant 8.0$ 的距离 0~50km 的记录只分为 $0\text{km}<R\leqslant 30\text{km}$ 和 $30\text{km}<R\leqslant 50\text{km}$ 两档。下文将 $7.0<M\leqslant 8.0$ 和 $30\text{km}<R\leqslant 50\text{km}$ 的分档简写为 $M7\sim 8$ 和 $R30\sim 50\text{km}$，其余类推。数据库中所有记录的 M 和 R 分布如图 2-6 所示。

表 2-1　地面运动记录分布

距离/km	震级 M			Σ
	$5.0<M\leqslant 6.0$	$6.0<M\leqslant 7.0$	$7.0<M\leqslant 8.0$	
$0<R\leqslant 10$	5	7	1	13
$10<R\leqslant 20$	10	16	2	28
$20<R\leqslant 30$	5	24	10	39

续表 2-1

距离/km	震级 M			Σ
	$5.0<M\leqslant6.0$	$6.0<M\leqslant7.0$	$7.0<M\leqslant8.0$	
$30<R\leqslant40$	10	34	14	58
$40<R\leqslant50$	5	61	14	80
$50<R\leqslant90$	23	266	65	354
$90<R\leqslant130$	7	224	64	295
$130<R\leqslant180$	22	262	107	391
$180<R\leqslant250$	23	300	121	444
Σ	110	1194	398	1702

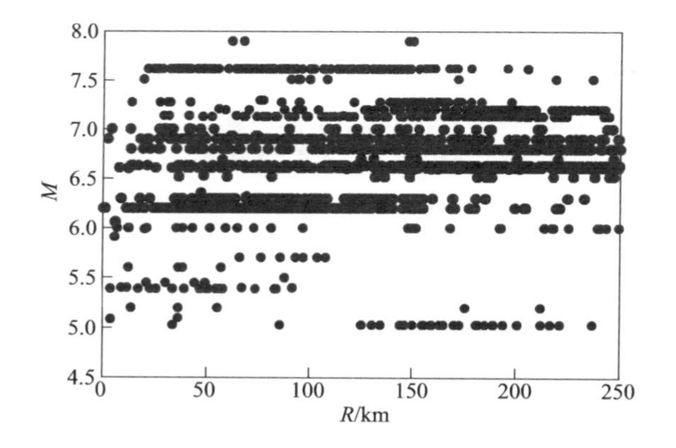

图 2-6 地面运动记录的 M-R 分布

本章的研究仅涉及 5%阻尼比的弹性加速度反应谱，反应谱的最大周期取为 10s，计算点取为 0.025s 等周期间隔。

2.6 本 章 小 结

本章简述了模拟式强震仪和数字式强震仪的特点及其噪声来源，以及为了降低噪声对地面运动参数的影响，地震学者对应于各种噪声所采取的不同减噪手段，如基线调整、高通滤波等，发现处理后记录的噪声影响足够小的周期范围（即可信周期范围）受记录仪器自身特点、地震事件本身特性和记录处理过程中采用的参数的影响。本章建议，在选用地面运动记录时所选地面运动记录的最长可信周期不小于结构感兴趣的周期。另外，根据对地面运动记录可信周期的认识，建立最长可信周期不小于 10s 的Ⅱ类场地地面运动记录数据库，以便为 BdM 谱特性的考察奠定基础。

3　BdM 谱特性研究

3.1　引　　言

水平地面运动强度的方位特征强烈影响着水平地面运动强度，从而关系到水平地面运动强度指标的选择。而水平地面运动强度指标的选择，与结构抗震设计中设计地震作用的取值密切相关。因此，在结构的抗震设计方法中，应考虑水平地面运动强度的方位特征。

本章在汇总整理当前国内外水平地面运动强度指标后，分析其间的本质差异，考察体现了水平地面运动强度方位特征的 BdM 谱值作为水平地面运动强度指标的合理性；在第 2 章地面运动记录数据库的基础上，采用统计分析方法考察 BdM 谱特性及其与 Und 谱特性的差异。

3.2　定义双向水平分量反应谱值方法

一次地震事件中的一个记录台站，会同时记录到两个水平方向（即 x、y 方向）的加速度时程 $a_x(t)$、$a_y(t)$。对于如何用这两个水平分量在一定周期、一定阻尼比下的反应谱值表征该次地震事件中该记录台站处的水平地面运动强度，迄今为止，曾有不同研究者提出过各种方法，现将其中主要的方法简述如下：

（1）x、y：使用仪器记录的两水平分量中的任一个加速度时程计算反应谱值。在这种定义方式中，所选取的仪器的记录方向与断裂带之间的方向是随机的，而且该法通常不考虑近断层的影响。

（2）FN、FP：将原始记录得到的水平分量旋转到垂直断层和平行断层方向，得到两个新的水平分量 FN(Fault-Normal) 和 FP(Fault-Parallel)，如 NGA 数据库[101]就是用这种方法。但是，断裂带很少是直线的，因此为了获得 FN 和 FP，很难直接明了地定义一个原始记录需要旋转的角度，而且其中经常会在一定程度上带有地震学者的主观判断。

（3）Principal 1、Principal 2[102]：沿地面运动主轴方向的分量。该主方向指的是互相关系数 $\rho_{xy} = \mu_{xy}/(\sigma_{xx}\sigma_{yy})$ 为零的方向。其中 σ_{xx}、σ_{yy}、μ_{xy} 分别由式（3-1）~式（3-3）计算，t_d为持时。沿主方向的两个水平分量是不相关的，这一点在两种情况下很重要，二是反应谱分析时，二是用不止一个分量生成人工记录时。

$$\sigma_{xx}^2 = \frac{1}{t_d}\int_0^{t_d}[a_x(t) - \overline{a_x(t)}]^2 dt \tag{3-1}$$

$$\sigma_{yy}^2 = \frac{1}{t_d}\int_0^{t_d}[a_y(t) - \overline{a_y(t)}]^2 dt \tag{3-2}$$

$$\mu_{xy} = \frac{1}{t_d}\int_0^{t_d}[a_x(t) - \overline{a_x(t)}][a_y(t) - \overline{a_y(t)}]dt \tag{3-3}$$

（4）Both：将所记录到的两个方向的记录分别视为一个随机过程的两个独立的分量，均用于分析使用。这种代表值的定义方式在地面运动记录还比较少的时候用的尤其多。

（5）Larger PGA：从两个记录到的水平分量中取一个加速度峰值 PGA 较大的分量出来，这种代表值的定义方式仅在 1996 年时被意大利的 Sabetta 和 Pugliese 两位学者[103]在总结衰减规律时所使用。虽然他们总结的衰减规律至今仍在意大利使用，但是 Beyer 团队认为不会再鼓励其他人使用这种定义方式了。

（6）AM_{xy}：两个水平分量反应谱值的算术平均值，见式（3-4）。这种定义方式仅在 20 世纪中后期被少数学者在推导某些公式的时候使用过，这些公式现在早已被取代。现在，这种定义方式在总结衰减规律（即地面运动预测模型）时早已不再使用了，在地面运动的选择与标定过程中偶尔还会被某些学者使用。

$$Sa_{AM_{xy}}(T) = \frac{Sa_x(T) + Sa_y(T)}{2} \tag{3-4}$$

（7）GM_{xy}：两水平分量反应谱值的几何平均值。

$$Sa_{GM_{xy}}(T) = \sqrt{Sa_x(T)Sa_y(T)} \tag{3-5}$$

（8）$SRSS_{xy}$：两水平分量反应谱值的 SRSS 值。

$$Sa_{SRSSxy}(T) = \sqrt{Sa_x^2(T) + Sa_y^2(T)} \tag{3-6}$$

（9）Env_{xy}：取 x、y 方向两个水平分量反应谱的包络值，即每个周期处取 x、y 水平分量反应谱值的大者，这种代表值的定义方式就是通常所说的“较大分量”（Larger Component）的定义方式。该种水平分量代表值的定义方式只见到在地面运动预测模型中使用，并未用于结构分析时地面运动的选择与标定。

$$Sa_{Env_{xy}}(T) = \max\{Sa_x(T), Sa_y(T)\} \tag{3-7}$$

（10）GMRotD50 和 GMRotD100[6]：将原始记录得到的 x、y 方向水平分量按一定的角度增量旋转不同角度后得到新水平分量；再求得一定阻尼比下每个周期处所有角度的每组新水平分量反应谱值的几何平均谱值；对所有不同角度下的几何平均谱值求中值和最大值，即分别为该阻尼比下该周期的 GMRotD50 和 GM-RotD100 值。因此，每个周期 GMRotD50 和 GMRotD100 值对应的旋转角度不同。GMRotD50 和 GMRotD100 消除了由于记录仪器水平放置方位的不确定性带来的水平地面运动强度指标的不确定性。

（11）GMRotI50 和 GMRotI100[6]：它们分别与 GMRotD50 和 GMRotD100 值相差不大，但是所有周期的角度相同，这点与 GMRotD50 和 GMRotD100 不同。这个与周期无关的角度是通过一个罚函数来选取的，选取原则为使整个周期段内 GMRotI50 与 GMRotD50 之间、GMRotI100 与 GMRotD100 之间的差异最小。美国太平洋地震研究中心 NGA-West1 研究计划[98]中曾经使用这一定义方式。

（12）RotD50 和 RotD100[61]：一定阻尼比下特定周期处，考虑记录仪器所有可能水平放置方位对应的不同加速度时程所对应的所有单向水平加速度反应谱值中的中位值 RotD50 和最大值 RotD100。其中的 RotD100 与本书 BdM 谱的定义相同，由于 RotD100 表征了地面运动双向水平最大反应谱值，为与单向水平加速度反应谱 Und 谱相区分，特称其为 BdM 谱，详细算法见本书第 1. 1 节和下文。

3. 3　双向最大加速度反应谱

一次地震事件的一个记录台站，由于记录地面运动的强震仪的水平放置方位的任意性，不同水平放置方位记录到的水平加速度时程数据不一样。比如，原始记录得到的两个加速度时程水平分量为 $a_x(t)$ 和 $a_y(t)$，如果记录仪器水平转动角度 θ 的话，会得到两个新的记录 $a_{x,\theta}(t)$ 和 $a_{y,\theta}(t)$，如式（1-1）和式（1-2）。从式（1-1）和式（1-2）可以看出，随着角度 θ 的改变，记录到的 $a_{x,\theta}(t)$ 和 $a_{y,\theta}(t)$ 也随之改变，由此计算出的某周期和阻尼比下的加速度反应谱值也随之改变，分别记为 $Sa_{x,\theta}$ 和 $Sa_{y,\theta}$。但是，所有这些 $a_{x,\theta}(t)$ 和 $a_{y,\theta}(t)$ 均只是该次地震事件中该台站处水平地面运动强度的不同记录形式，当用反应谱值表征该水平地面运动强度时，应只有一个确定的值，而不是 $Sa_{x,\theta}$ 和 $Sa_{y,\theta}$ 中的随机任意值或者两者随机任何值的组合值。该周期和阻尼比下，所有不同角度 θ 对应的 $Sa_{x,\theta}$ 或 $Sa_{y,\theta}$ 中的最大值，即为地面运动双向水平最大加速度反应谱值 BdM 谱值。

下面随机地选择两组地震动参数（震级 M 和距离 R）完全不同的地面运动记录展示 $Sa_{x,\theta}$ 和 $Sa_{y,\theta}$ 随记录仪器水平转动角度 θ 的变化。一组记录是 1999 年土耳其 Duzce 地震中 Lamont 1062 台站记录到的，编号 RSN1615，震级 M=7. 14，震中距 R=29. 27km。另一组记录是 2011 年新西兰 Chrischurch 地震中 APPS 台站记录到的，编号 RSN8058，震级 M=6. 20，震中距 R=114. 95km。假设将记录 RSN1615 和 RSN8058 的记录仪器相对于初始水平放置位置从 0°逐步以一定角度增量旋转 180°，这些不同旋转角度 θ 对应的阻尼比 0. 05 时周期 1. 0s、2. 0s、3. 0s 和 4. 0s 的 $Sa_{x,\theta}$ 和 $Sa_{y,\theta}$ 值分别如图 3-1 和图 3-2 所示。由于旋转角度 180°~360°范围内时的 $Sa_{x,\theta}$ 和 $Sa_{y,\theta}$ 的绝对值，与旋转角度 0°~180°范围内时的 $Sa_{x,\theta}$ 和 $Sa_{y,\theta}$ 的绝对值相同，因此图 3-1 和图 3-2 仅给出后者。从图 3-1 和图 3-2 中

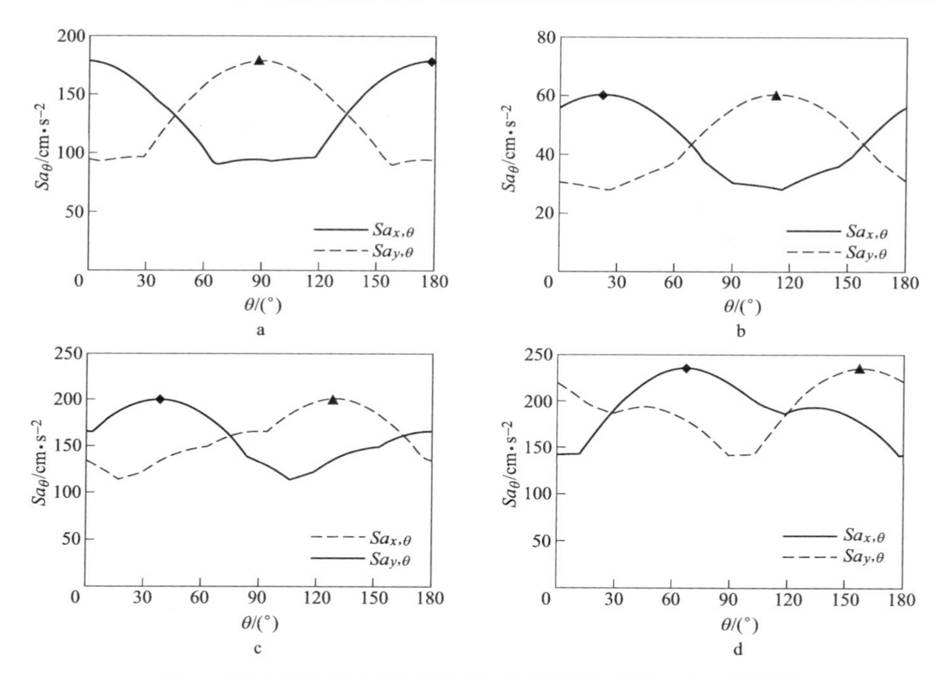

图 3-1　记录 RSN1615 旋转不同角度后水平方向加速度反应谱值

a—T=1.0s；b—T=2.0s；c—T=3.0s；d—T=4.0s

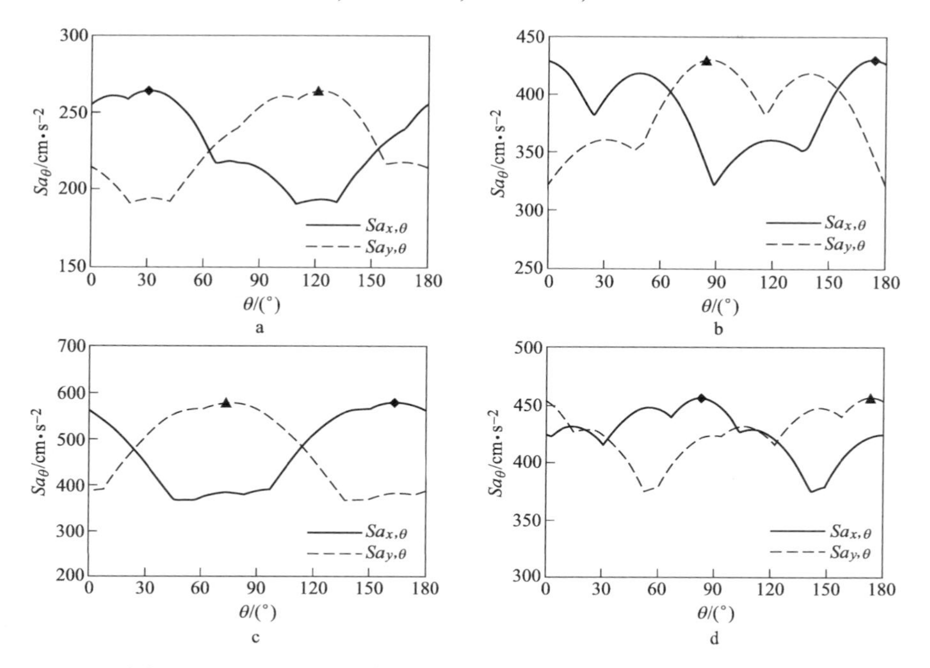

图 3-2　记录 RSN8058 旋转不同角度后水平方向加速度反应谱值

a—T=1.0s；b—T=2.0s；c—T=3.0s；d—T=4.0s

可以看出，无论对于 RSN1615 还是对于 RSN8058，随着角度 θ 的变化，T=1.0s、T=2.0s、T=3.0s 和 T=4.0s 时 $Sa_{x,\theta}$和 $Sa_{y,\theta}$值的变化较大，但是相同周期处 $Sa_{x,\theta}$和 $Sa_{y,\theta}$值的分布范围一样，分别见表 3-1 和表 3-2。从表 3-1 和表 3-2 可以看出，随着角度 θ 的变化，T = 1.0s、T = 2.0s、T = 3.0s 和 T = 4.0s 时，RSN1615 和 RSN8058 的 $Sa_{x,\theta}$和 $Sa_{y,\theta}$最大值与最小值的比值分别在 1.66~2.16 和 1.28~1.57 之间；还可以看出，无论对于 RSN1615 还是对于 RSN8058，每个周期下 $Sa_{x,\theta}$和 $Sa_{y,\theta}$取得最大值对应的角度各不相同。

表 3-1　记录 RSN1615 选择不同角度后加速度反应谱值最值情况

T/s		1	2	3	4
$Sa_{x,\theta}$ $Sa_{y,\theta}$	最大值	178.63	60.41	200.06	234.91
	最小值	90.08	28.02	113.74	141.71
	最大值/最小值	1.98	2.16	1.76	1.66
$Sa_{x,\theta}$最大值对应的角度 θ/(°)		178	22	38	67
$Sa_{y,\theta}$最大值对应的角度 θ/(°)		88	112	128	157

表 3-2　记录 RSN8058 选择不同角度后加速度反应谱值最值情况

T/s		1	2	3	4
$Sa_{x,\theta}$ $Sa_{y,\theta}$	最大值	264.33	430.13	579.32	457.11
	最小值	191.05	321.86	368.25	375.51
	最大值/最小值	1.38	1.34	1.57	1.28
$Sa_{x,\theta}$最大值对应的角度 θ/(°)		31	174	163	83
$Sa_{y,\theta}$最大值对应的角度 θ/(°)		121	84	73	173

由此可见，由于记录仪器水平放置方位的任意性，根据记录的水平加速度时程算得的单向水平加速度反应谱值具有极大的任意性；在一定阻尼比、一定周期下，由记录仪器原始放置方向下得出的单向水平加速度反应谱值，只是记录仪器所有可能放置方向下，单向水平加速度反应谱值的所有可能值中的一个随机抽样值，其大小强烈地依赖于强震仪的水平放置方位，即具有方位特征。显然，直接采用该反应谱值作为该次地震事件中该记录台站处的水平地面运动强度指标，是不合适的。

在认识到一个台站对一次地震所作记录的上述情况后，再来考察本书第 3.2 节方法（1）~（12）中哪一种方法用来表征一个地震事件中一个记录台站处的水平地面运动强度更为合理，则可以发现其中的方法（2），由于其中需要旋转的角度经常在一定程度上带有地震学者的主观判断，因为该方法显然不合适。而方法（1）、(3)~(9)，由于记录仪器可能具有不同的水平放置方位，这些方法获得的值也具有随机任意性，即也受水平地面运动强度的方位特征的影响，均不能获得唯一的代表值，当然更不是工程抗震设防关注的最大值。方法（10）和（11）虽然可以获得唯一的代表值，但并不是工程抗震设防关注的最大值，且只有罚函数约定定义，没有严格的物理意义。只有 BdM（RotD100）方法，既不存在地震学者的主观判断，也不是记录仪器所有可能水平放置方位下可能获得随机任意值，而是考虑水平地面运动强度方位特征后的该地面运动水平方向强度的唯一代表值，而且是工程抗震设防关注的最大值。因此，本书选择采用 BdM 谱值表征水平地面运动强度，以便充分考虑水平地面运动强度所具有的方位特征。

就工程抗震设防的安全性需要而言，BdM 值代表了结构沿某个主轴方向可能遭遇的最大地震风险，应予以特别关注。目前仅美国采用该值作为工程结构设计地震作用取值依据[10,11,15,16,104]。而我国抗震设计反应谱，虽然自 1974 年起经历了 1974 规范[46]、1978 规范[47]、1989 规范[48]、2001 规范[35]以及 2010 规范[17]等几次重要发展，但都是将记录到的两个水平分量当作两个独立的地面运动记录进行处理的，并以由此得到加速度反应谱特性为依据建立的。本书称这样的加速度反应谱为单向水平加速度反应谱，并将对应于原始记录方向的单向水平加速度反应谱简称为 Und 谱。由上文可知，这样得出的 Und 谱值由于记录仪器水平放置方位的任意性而存在着不确定性，不是水平地面运动强度的唯一代表值，也不是其中的最大值。

3.4 BdM 谱特性及其与 Und 谱特性差异

对本书地面运动数据库内每个震级和距离分档内的地面运动记录计算其 5%阻尼比的 BdM 谱和 Und 谱。由于 BdM 谱和 Und 谱在谱形状和谱值的大小上均有差异，为了分别获得两者的谱形状和谱值的差异，下面从这两个方面对两者进行考察。

3.4.1 谱值的差异

为了考察相同阻尼比和周期下 BdM 谱和 Und 谱的谱值差异，对每一震级、距离分档中每一周期处两者的谱值进行统计分析，*M*5~6、*M*6~7 和 *M*7~8 时两者平均谱值的比值 κ 分别见表 3-3~表 3-5。这里，限于篇幅，仅给出 0.5s 周期间隔的 BdM 谱和 Und 谱平均谱值比值；并且，用每个震级和距离分档的地面运动记录 BdM 谱和 Und 谱平均值 μ、标准差 σ 和变异系数 *COV* 的比值来反应 BdM 谱和 Und 谱谱值统计特征差异，分别如图 3-3~图 3-5 所示。

表 3-3　BdM 谱与 Und 谱的平均谱值的比值（*M*5~6）

T/s	*R*0~10	*R*10~20	*R*20~30	*R*30~40	*R*40~50	*R*50~90	*R*90~130	*R*130~180	*R*180~250
0.0	1.191	1.216	1.210	1.301	1.167	1.193	1.165	1.162	1.142
0.5	1.263	1.191	1.382	1.247	1.188	1.257	1.233	1.154	1.188
1.0	1.353	1.314	1.269	1.307	1.317	1.228	1.254	1.230	1.151
1.5	1.355	1.247	1.263	1.303	1.308	1.254	1.272	1.220	1.211
2.0	1.367	1.330	1.282	1.294	1.372	1.214	1.156	1.175	1.181
2.5	1.266	1.202	1.269	1.299	1.356	1.300	1.250	1.281	1.277
3.0	1.387	1.080	1.307	1.291	1.393	1.289	1.296	1.203	1.246
3.5	1.352	1.162	1.308	1.357	1.374	1.297	1.184	1.213	1.162
4.0	1.373	1.301	1.375	1.365	1.342	1.255	1.200	1.212	1.173
4.5	1.360	1.340	1.348	1.323	1.363	1.280	1.201	1.208	1.226
5.0	1.379	1.360	1.295	1.300	1.334	1.256	1.220	1.285	1.302
5.5	1.365	1.385	1.290	1.326	1.337	1.252	1.184	1.172	1.304
6.0	1.364	1.354	1.316	1.358	1.363	1.286	1.162	1.165	1.237
6.5	1.376	1.284	1.334	1.348	1.334	1.288	1.157	1.172	1.243
7.0	1.387	1.212	1.298	1.334	1.307	1.309	1.156	1.171	1.237
7.5	1.397	1.191	1.328	1.310	1.323	1.334	1.166	1.191	1.246
8.0	1.403	1.165	1.378	1.334	1.319	1.361	1.118	1.198	1.322
8.5	1.378	1.143	1.380	1.371	1.330	1.366	1.118	1.175	1.341
9.0	1.379	1.138	1.362	1.397	1.330	1.366	1.125	1.165	1.342
9.5	1.379	1.149	1.366	1.406	1.330	1.362	1.135	1.153	1.337
10.0	1.386	1.169	1.339	1.394	1.338	1.365	1.198	1.177	1.325

表 3-4　BdM 谱与 Und 谱的平均谱值的比值（*M*6~7）

T/s	*R*0~10	*R*10~20	*R*20~30	*R*30~40	*R*40~50	*R*50~90	*R*90~130	*R*130~180	*R*180~250
0.0	1.180	1.240	1.244	1.161	1.210	1.194	1.188	1.189	1.173
0.5	1.332	1.287	1.251	1.258	1.263	1.267	1.257	1.224	1.205
1.0	1.271	1.299	1.295	1.281	1.302	1.252	1.244	1.260	1.224
1.5	1.285	1.347	1.326	1.260	1.265	1.256	1.276	1.260	1.256
2.0	1.361	1.338	1.311	1.262	1.324	1.260	1.258	1.282	1.256
2.5	1.389	1.352	1.329	1.312	1.305	1.268	1.267	1.263	1.249
3.0	1.362	1.372	1.338	1.280	1.321	1.277	1.271	1.273	1.244
3.5	1.368	1.331	1.323	1.347	1.300	1.290	1.275	1.268	1.241
4.0	1.333	1.313	1.331	1.374	1.282	1.293	1.276	1.279	1.252
4.5	1.263	1.307	1.337	1.370	1.278	1.295	1.285	1.297	1.270
5.0	1.243	1.320	1.343	1.375	1.305	1.306	1.299	1.311	1.272

续表 3-4

T/s	R0~10	R10~20	R20~30	R30~40	R40~50	R50~90	R90~130	R130~180	R180~250
5.5	1.303	1.339	1.351	1.375	1.325	1.321	1.318	1.317	1.298
6.0	1.320	1.346	1.367	1.384	1.370	1.330	1.327	1.337	1.306
6.5	1.355	1.358	1.405	1.381	1.371	1.339	1.323	1.343	1.312
7.0	1.386	1.369	1.420	1.384	1.393	1.344	1.330	1.348	1.319
7.5	1.401	1.368	1.411	1.371	1.404	1.349	1.338	1.352	1.334
8.0	1.439	1.383	1.399	1.349	1.394	1.355	1.339	1.356	1.338
8.5	1.467	1.362	1.397	1.355	1.404	1.352	1.347	1.360	1.344
9.0	1.493	1.343	1.385	1.367	1.403	1.353	1.354	1.362	1.350
9.5	1.504	1.341	1.374	1.366	1.403	1.356	1.361	1.359	1.343
10.0	1.507	1.351	1.378	1.359	1.396	1.362	1.353	1.359	1.330

表 3-5 BdM 谱与 Und 谱的平均谱值的比值（*M*7~8）

T/s	R0~30	R30~50	R50~90	R90~130	R130~180	R180~250
0.0	1.208	1.206	1.196	1.210	1.187	1.178
0.5	1.207	1.288	1.258	1.263	1.205	1.227
1.0	1.201	1.239	1.263	1.230	1.236	1.235
1.5	1.271	1.214	1.240	1.228	1.238	1.237
2.0	1.334	1.254	1.263	1.266	1.284	1.270
2.5	1.292	1.278	1.274	1.290	1.259	1.259
3.0	1.215	1.234	1.282	1.279	1.271	1.274
3.5	1.258	1.268	1.271	1.264	1.261	1.252
4.0	1.281	1.285	1.308	1.305	1.262	1.265
4.5	1.325	1.289	1.304	1.311	1.288	1.265
5.0	1.331	1.272	1.286	1.339	1.318	1.285
5.5	1.292	1.298	1.301	1.335	1.335	1.303
6.0	1.268	1.311	1.287	1.340	1.338	1.306
6.5	1.208	1.299	1.273	1.363	1.328	1.321
7.0	1.241	1.299	1.256	1.366	1.336	1.340
7.5	1.256	1.311	1.254	1.376	1.360	1.351
8.0	1.283	1.304	1.286	1.384	1.367	1.346
8.5	1.300	1.269	1.281	1.377	1.375	1.349
9.0	1.300	1.244	1.308	1.372	1.387	1.360
9.5	1.305	1.244	1.328	1.379	1.408	1.367
10.0	1.316	1.248	1.330	1.395	1.419	1.373

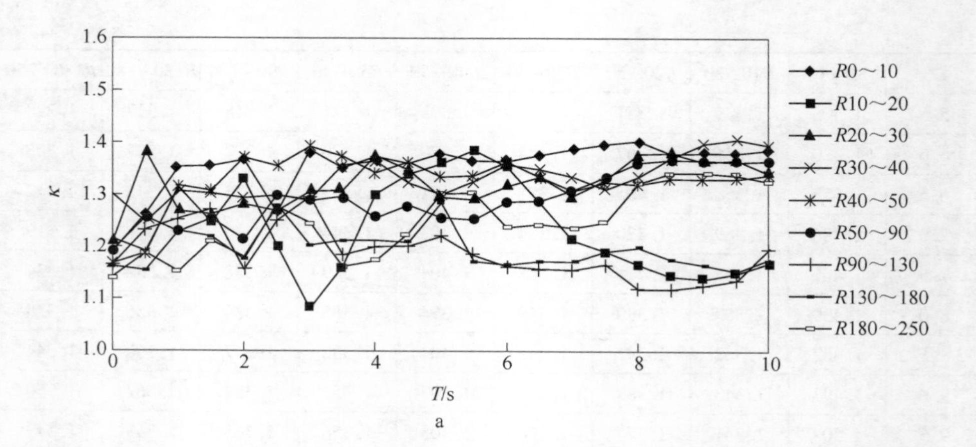

a

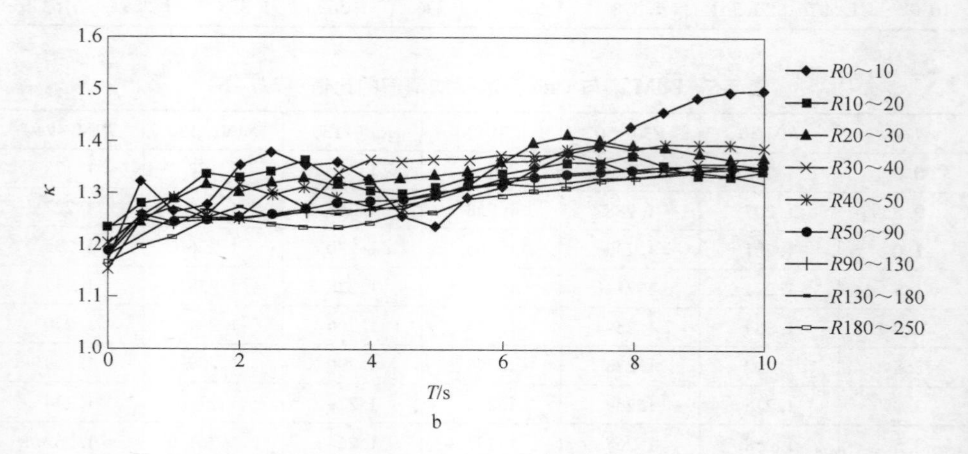

b

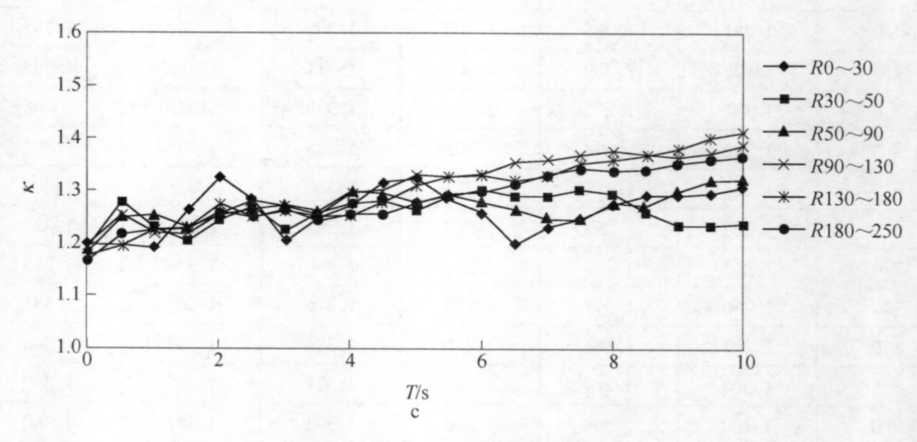

c

图 3-3　κ 随周期的变化

a—M5~6；b—M6~7；c—M7~8

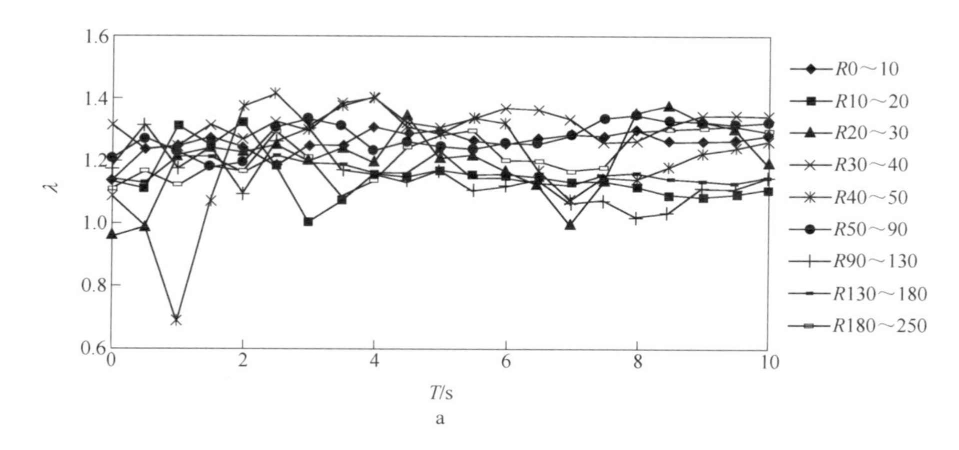

a

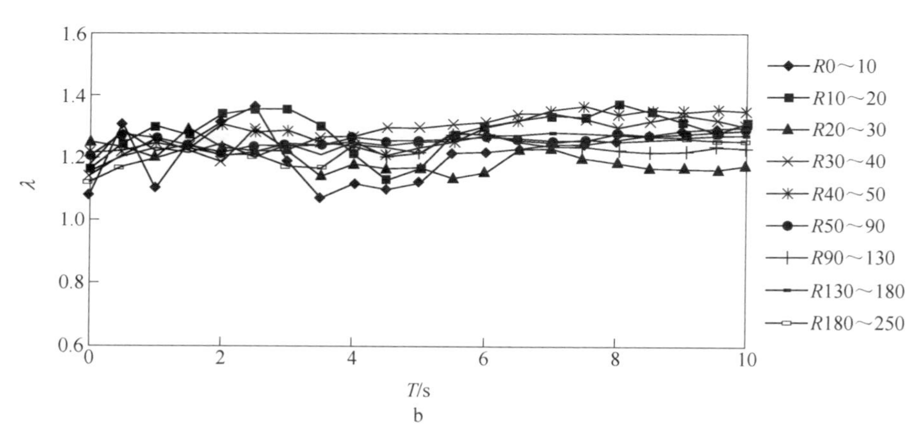

b

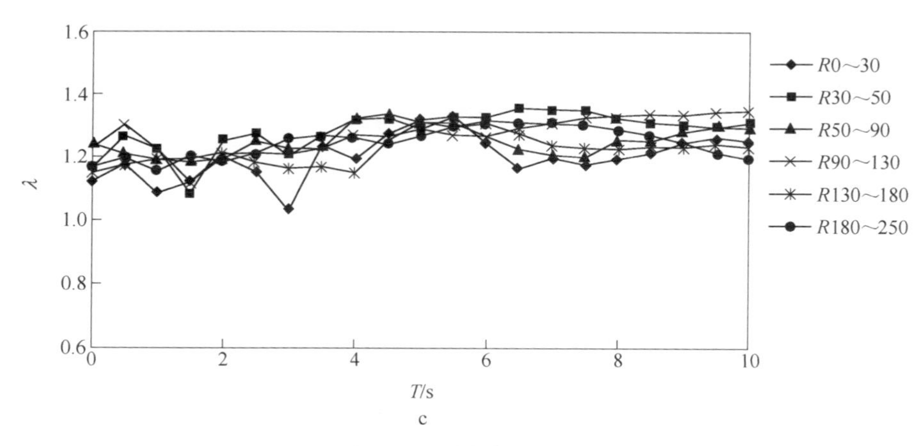

c

图 3-4 **λ** 随周期的变化

a—M5～6；b—M6～7；c—M7～8

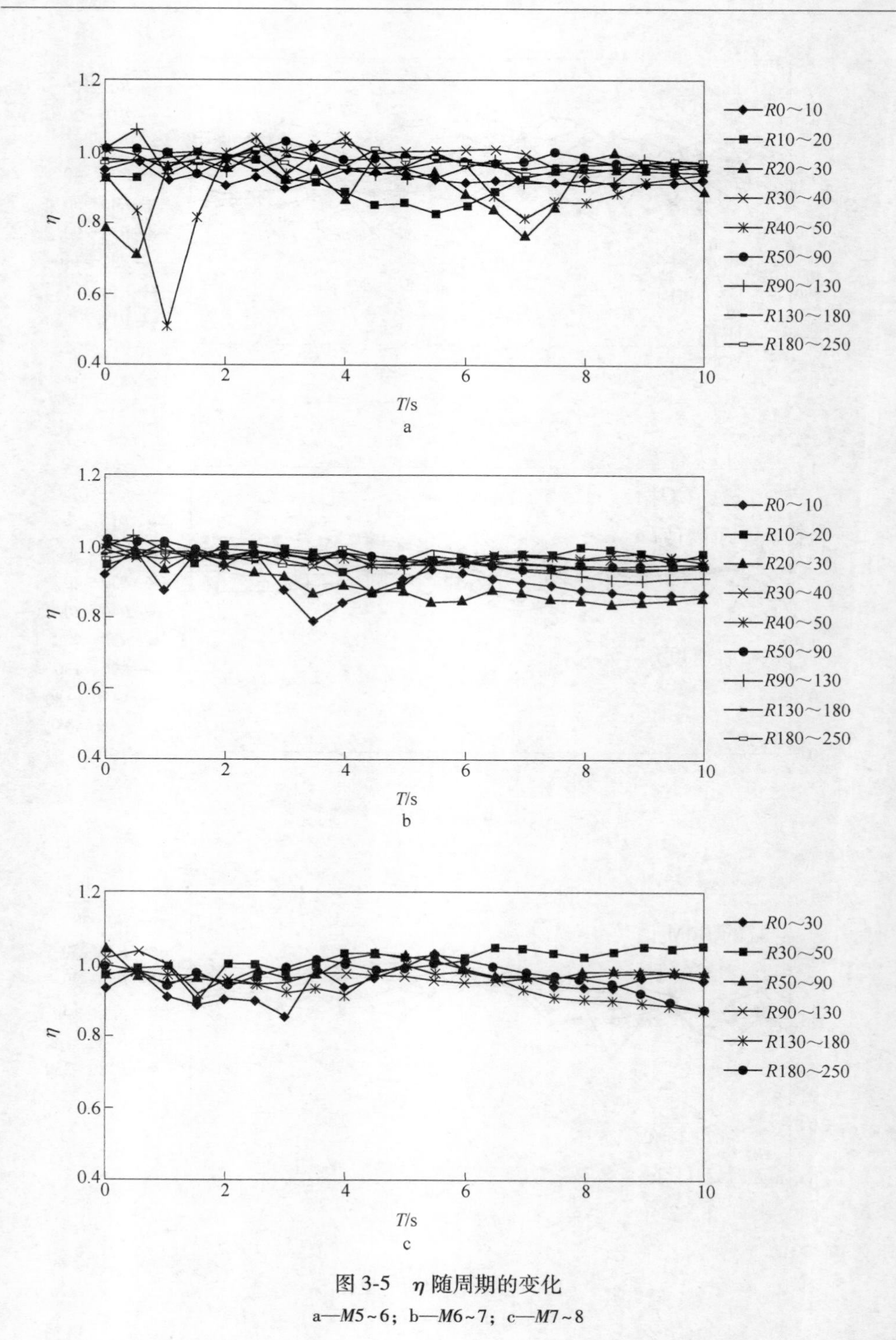

图 3-5　η 随周期的变化

a—M5～6；b—M6～7；c—M7～8

图 3-3 给出了每个震级和距离分档中地面运动记录的 BdM 谱值平均值 $Sa(BdM, \mu)$ 和 Und 谱值平均值 $Sa(Und, \mu)$ 的比值 κ 随周期的变化规律。从中可以看出，比值 κ 主要集中分布在 1.2~1.4 之间，且当震级为 6~8 级时，随着周期的增大，κ 值也在逐步增大；震级为 5~6 级时，由于数据样本相对较少，所以结果较为离散。

图 3-4 给出了每个震级和距离分档中地面运动记录的 BdM 谱值标准差 $Sa(BdM, \sigma)$ 和 Und 谱值标准差 $Sa(Und, \sigma)$ 的比值 λ 随周期的变化情况。从中可以看出，比值 λ 分别主要集中在 1.1~1.4 之间，且当震级为 6~8 级时，随着周期的增大，λ 值也在逐步增大；震级为 5~6 级时，由于数据样本相对较少，所以结果较为离散。

从图 3-5 可以看出，在本次统计的震级范围内，即 5~8 级，$Sa(BdM, COV)$、$Sa(Und, COV)$ 的比值 η 基本均小于 1.0。也就是说，BdM 谱值的变异系数小于 Und 谱值的变异系数，即双向最大加速度反应谱值的离散性小于单向加速度反应谱值。从这个角度来看，可以得出的结论是，当用对地面运动记录的双向水平最大加速度反应谱进行统计分析时，采用比统计分析地面运动记录的单向水平加速度反应谱时更少的地面运动记录，就可以获得相对稳定的统计分析结果。

3.4.2 谱形状的差异

为了考察 BdM 谱和 Und 谱的形状差异，对两者进行归一化，即将两者在所有周期处的谱值除以加速度峰值，分别得到两者的动力放大系数谱 $\beta(BdM)$ 谱和 $\beta(Und)$ 谱。这里需要特别说明的是，归一化 BdM 谱时，用作除数的加速度峰值是周期为零时的 BdM 谱值，即双向最大加速度峰值 PGA_{BdM}。

由于每个震级、距离分档下的 $\beta(BdM)$ 谱和 $\beta(Und)$ 谱之间，存在着一定的离散性，因此，本书对每个震级和距离分档下每个周期处的 $\beta(BdM)$ 谱值和 $\beta(Und)$ 谱值分别进行统计分析，分别用其各自的平均值 $\beta(BdM,\mu)$、$\beta(Und,\mu)$、标准差 $\beta(BdM,\sigma)$、$\beta(Und,\sigma)$ 和变异系数 $\beta(BdM,COV)$、$\beta(Und,COV)$ 来描述两者的统计特征。将每个周期处 $\beta(BdM)$ 平均值连线，即得 $\beta(BdM)$ 的平均谱，即 $\beta(BdM, \mu)$ 谱曲线；将每个周期处 $\beta(BdM)$ 的平均值加 1 倍标准差和平均值加 2 倍标准差谱值分别连线，即得 $\beta(BdM, \mu+\sigma)$ 和 $\beta(BdM, \mu+2\sigma)$ 谱曲线，同理得到 $\beta(Und, \mu)$、$\beta(Und, \mu+\sigma)$、$\beta(Und, \mu+2\sigma)$ 谱曲线。

为了比较 BdM 谱和 Und 谱的谱形差异，图 3-6~图 3-29（图 3-6~图 3-21 书后有彩图）给出了各个震级和距离分档下 $\beta(BdM, \mu)$、$\beta(BdM, \mu+\sigma)$、

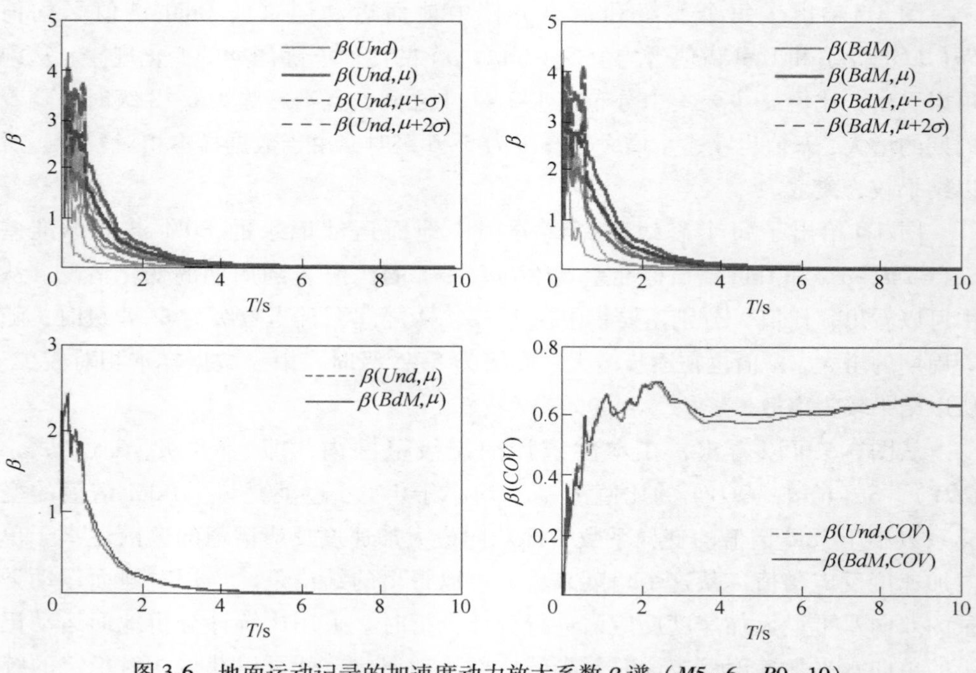

图 3-6　地面运动记录的加速度动力放大系数 β 谱（M5～6，R0～10）

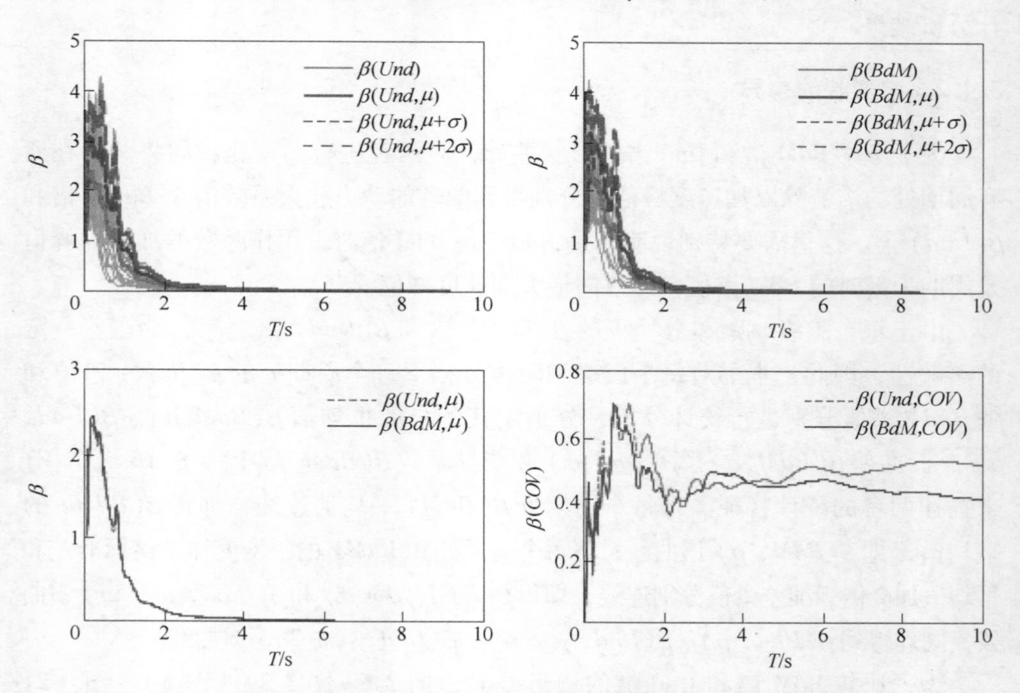

图 3-7　地面运动记录的加速度动力放大系数 β 谱（M5～6，R10～20）

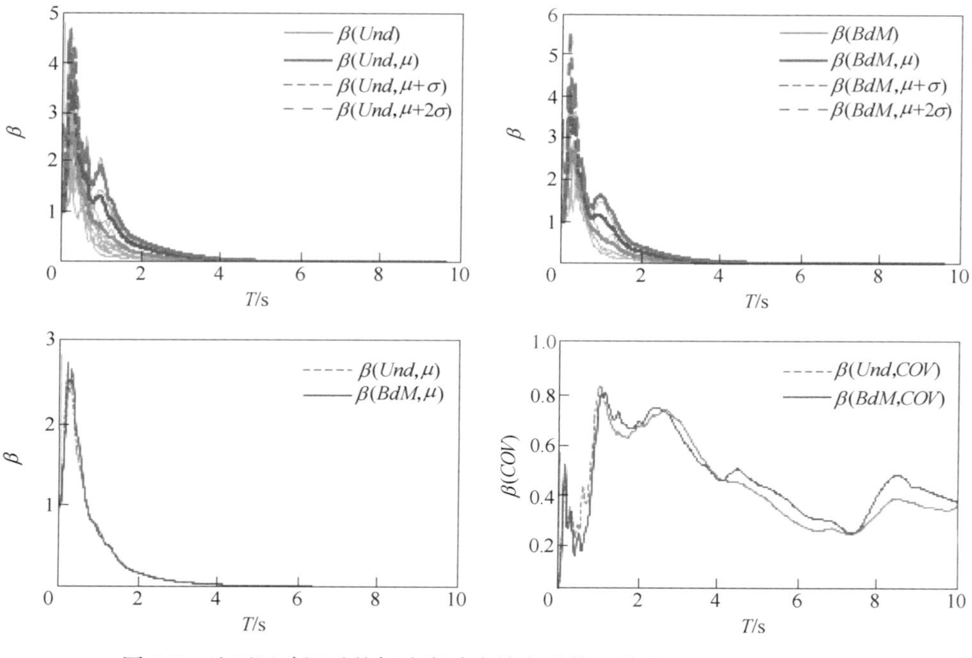

图 3-8 地面运动记录的加速度动力放大系数 β 谱（M5~6，R20~30）

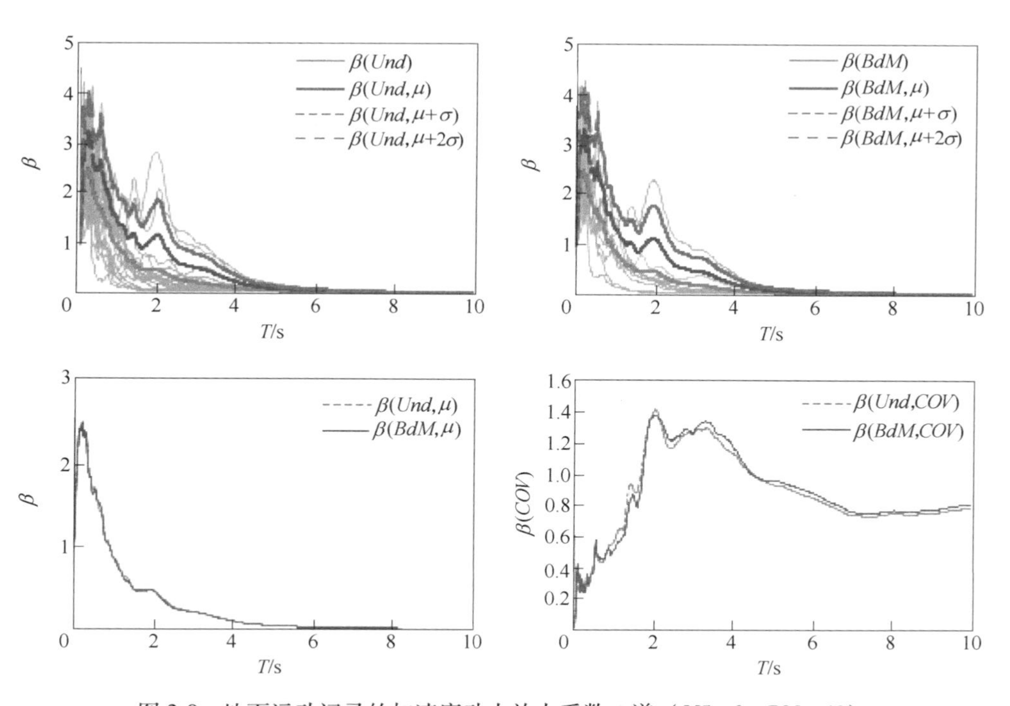

图 3-9 地面运动记录的加速度动力放大系数 β 谱（M5~6，R30~40）

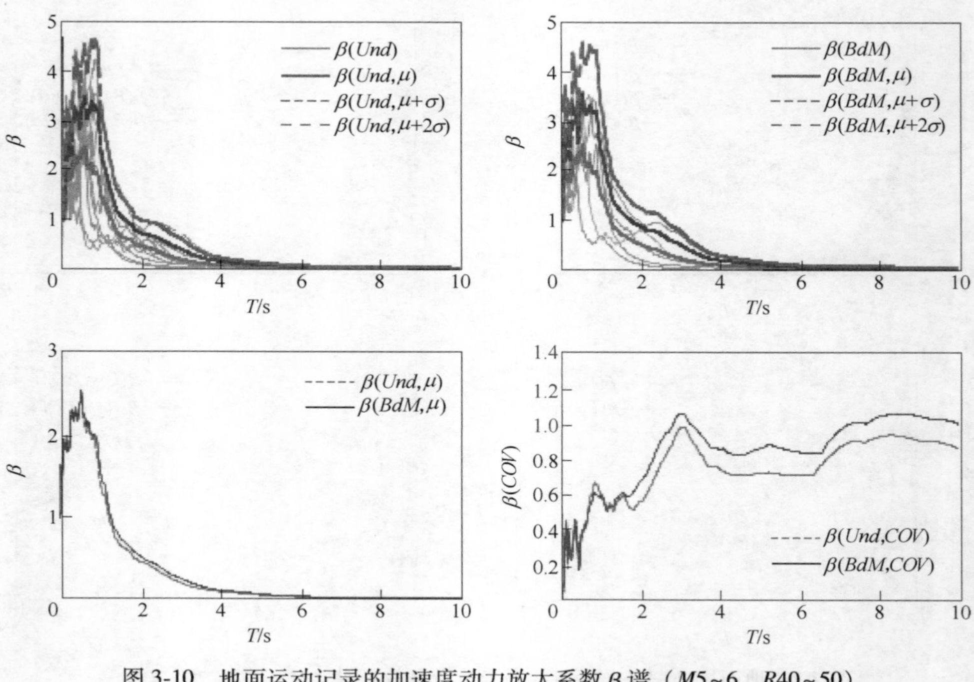

图 3-10　地面运动记录的加速度动力放大系数 β 谱（M5~6，R40~50）

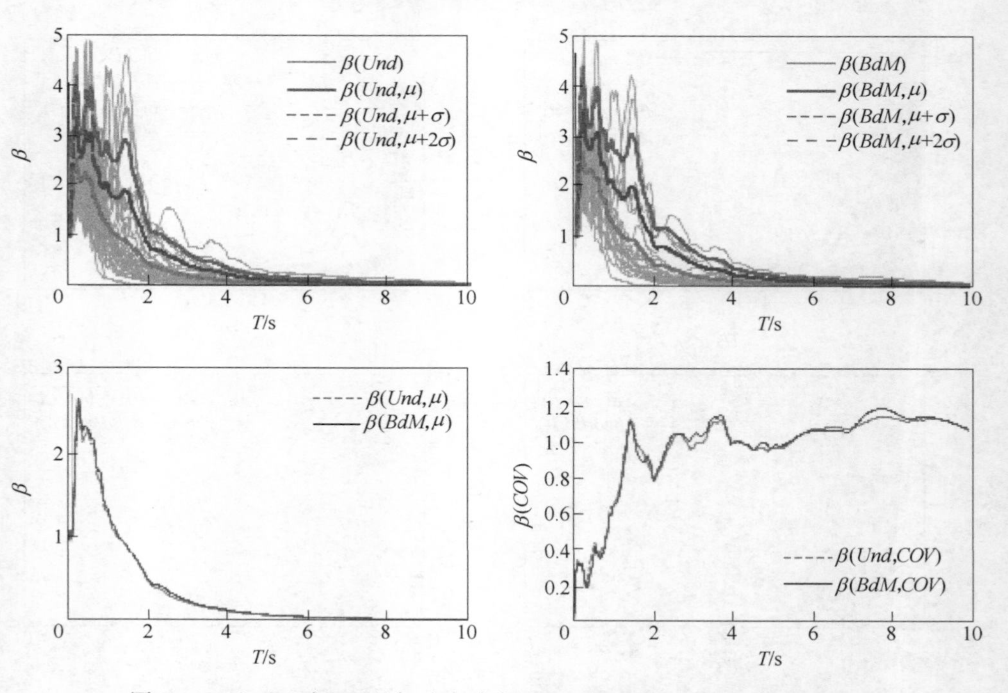

图 3-11　地面运动记录的加速度动力放大系数 β 谱（M5~6，R50~90）

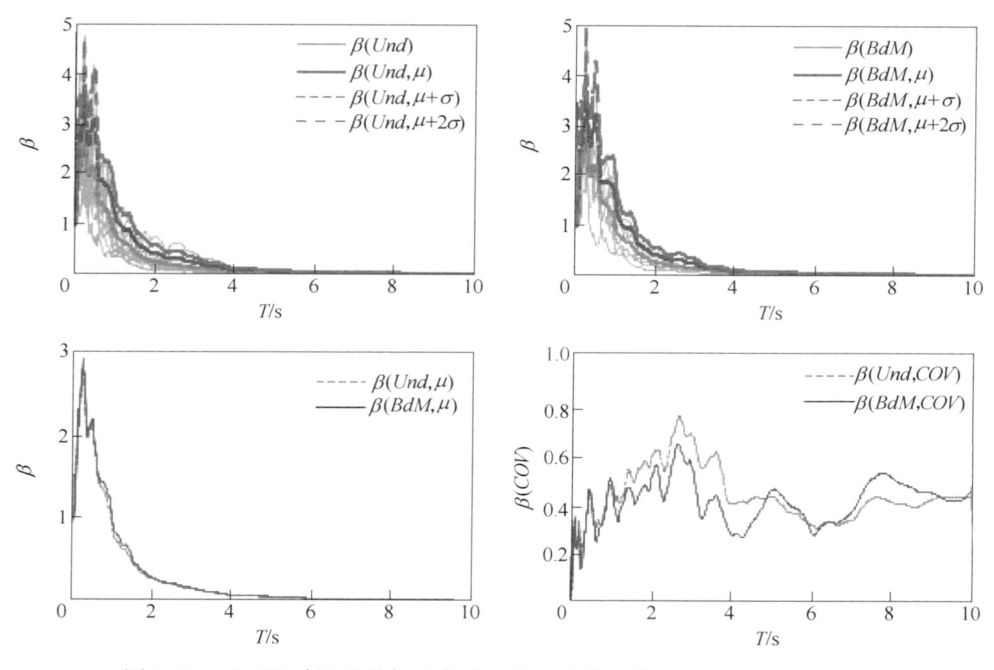

图 3-12 地面运动记录的加速度动力放大系数β谱（*M*5~6，*R*90~130）

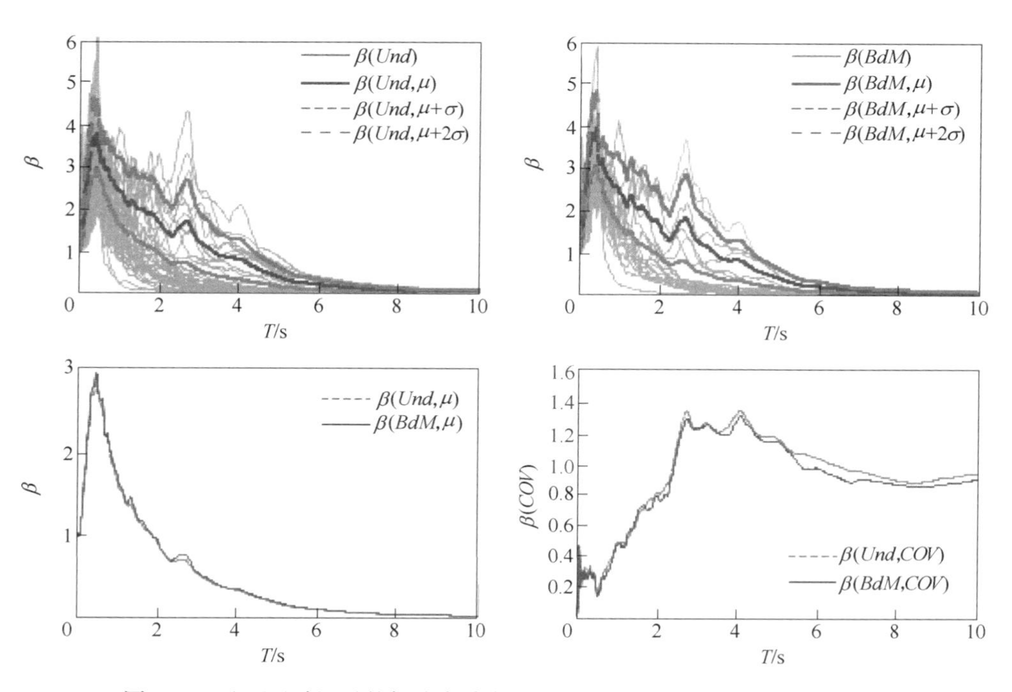

图 3-13 地面运动记录的加速度动力放大系数β谱（*M*5~6，*R*130~180）

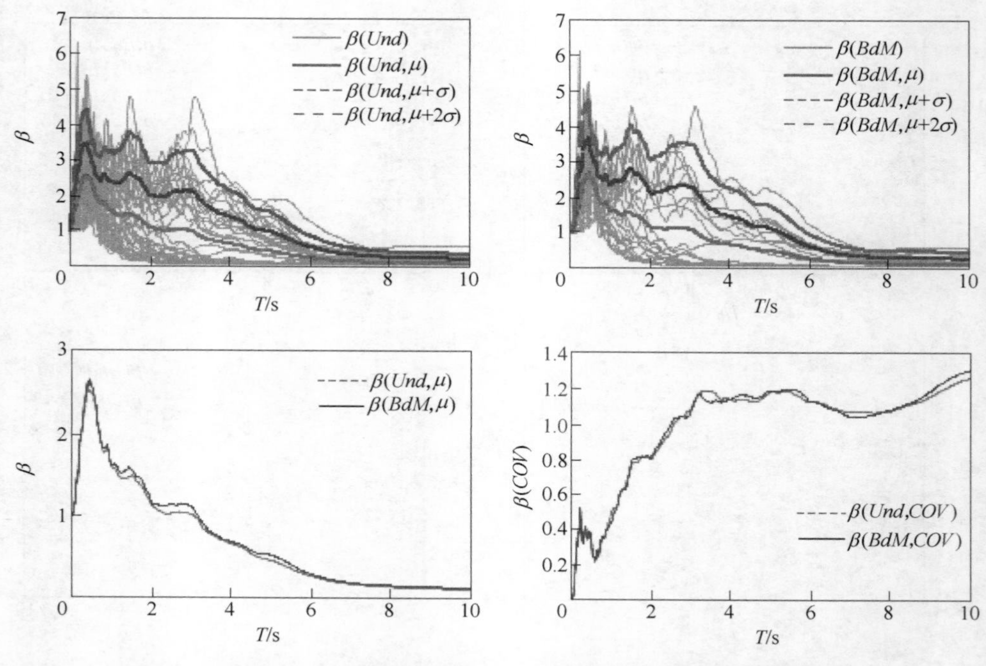

图 3-14　地面运动记录的加速度动力放大系数 β 谱（M5~6，R180~250）

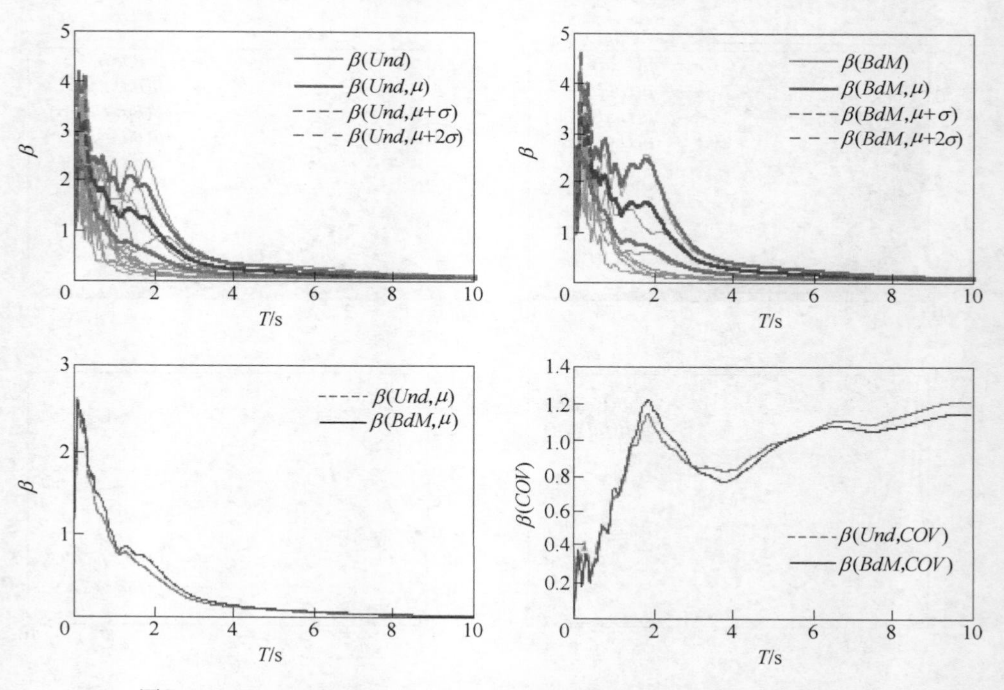

图 3-15　地面运动记录的加速度动力放大系数 β 谱（M6~7，R0~10）

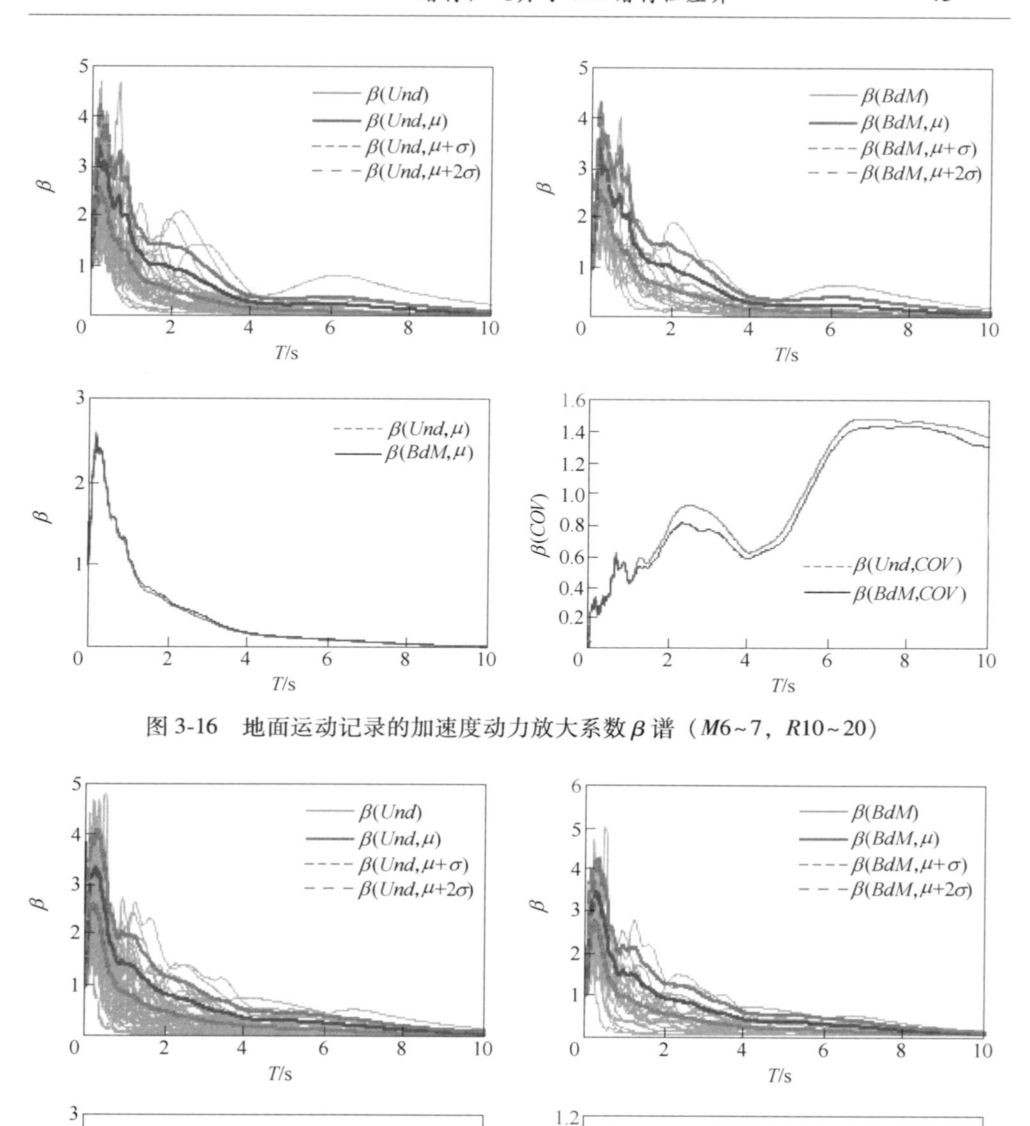

图 3-16 地面运动记录的加速度动力放大系数 β 谱（M6~7，R10~20）

图 3-17 地面运动记录的加速度动力放大系数 β 谱（M6~7，R20~30）

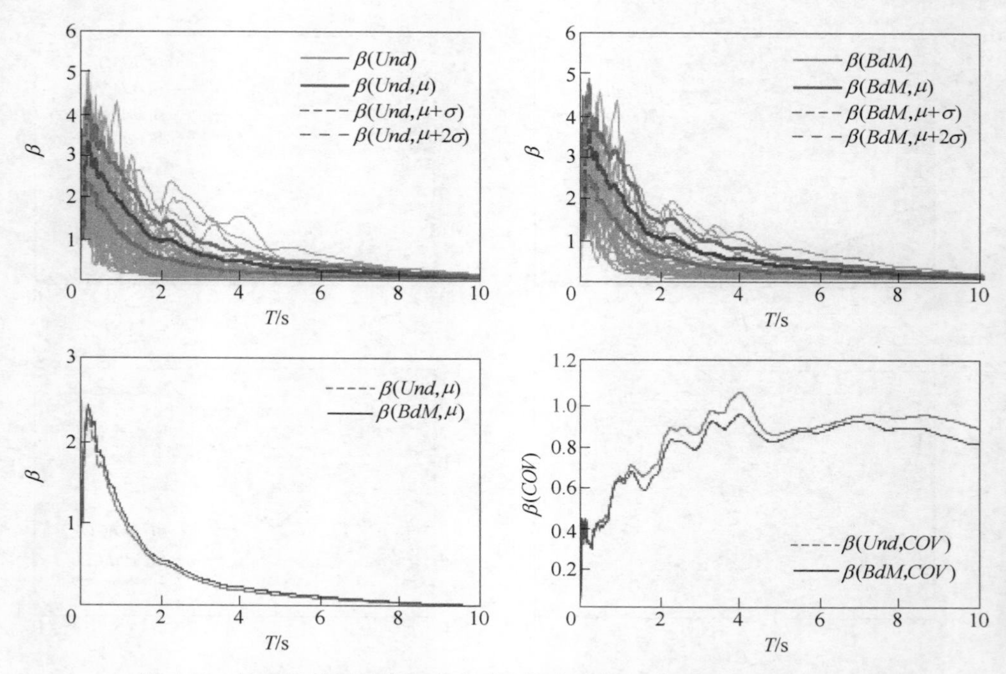

图 3-18　地面运动记录的加速度动力放大系数 β 谱（M6~7，R30~40）

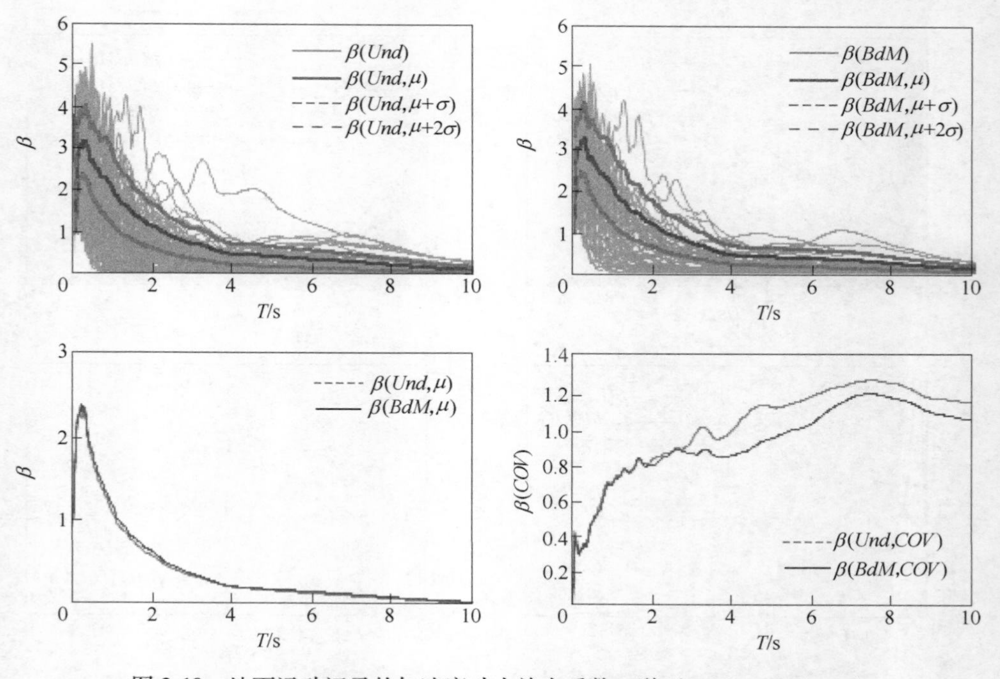

图 3-19　地面运动记录的加速度动力放大系数 β 谱（M6~7，R40~50）

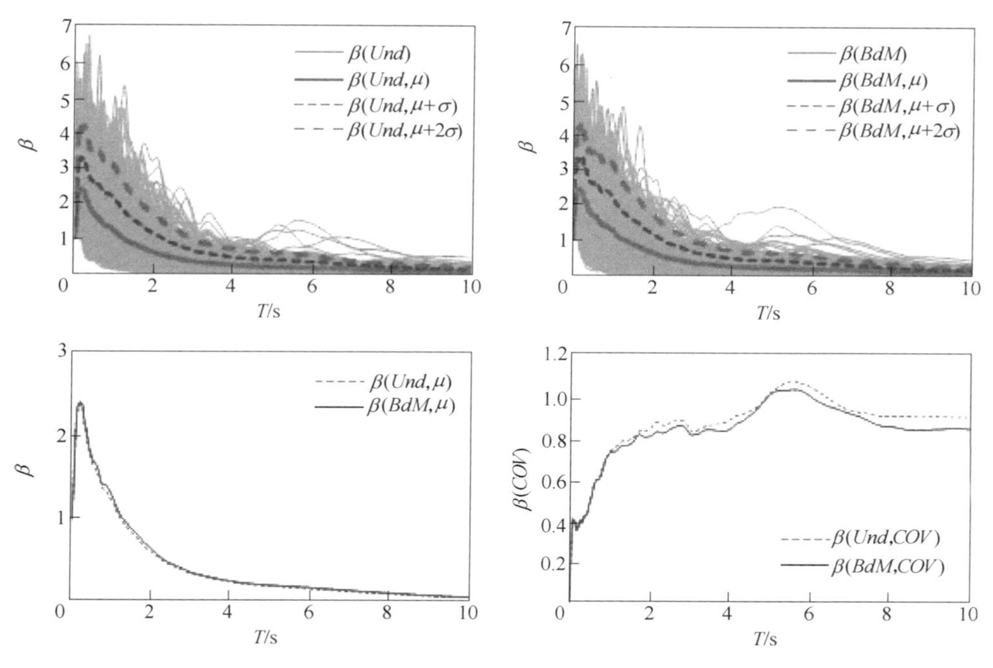

图 3-20 地面运动记录的加速度动力放大系数 β 谱（M6~7，R50~90）

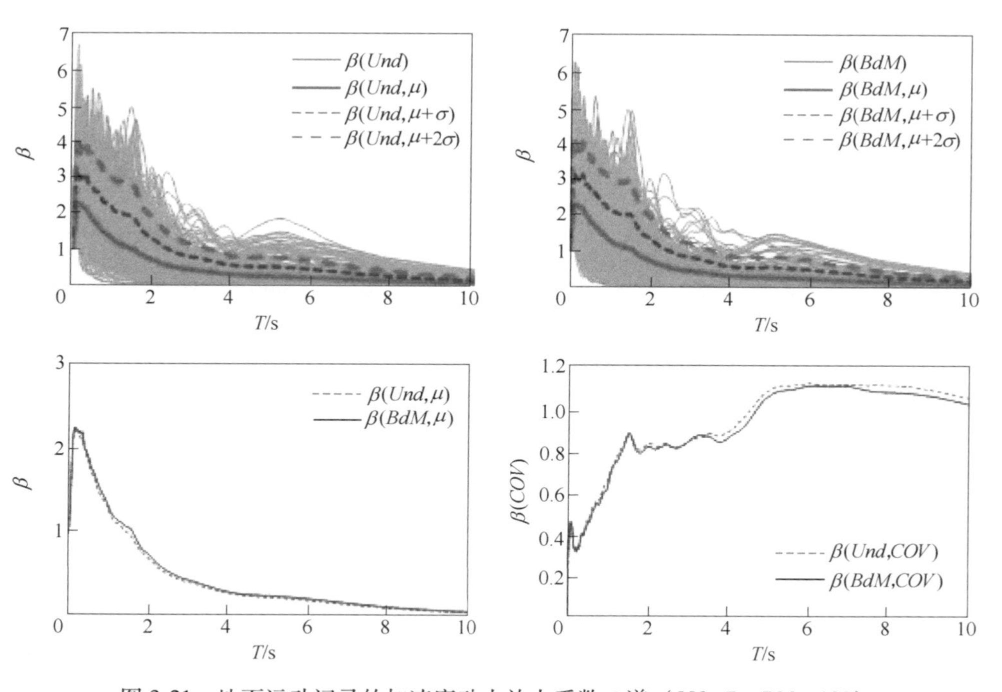

图 3-21 地面运动记录的加速度动力放大系数 β 谱（M6~7，R90~130）

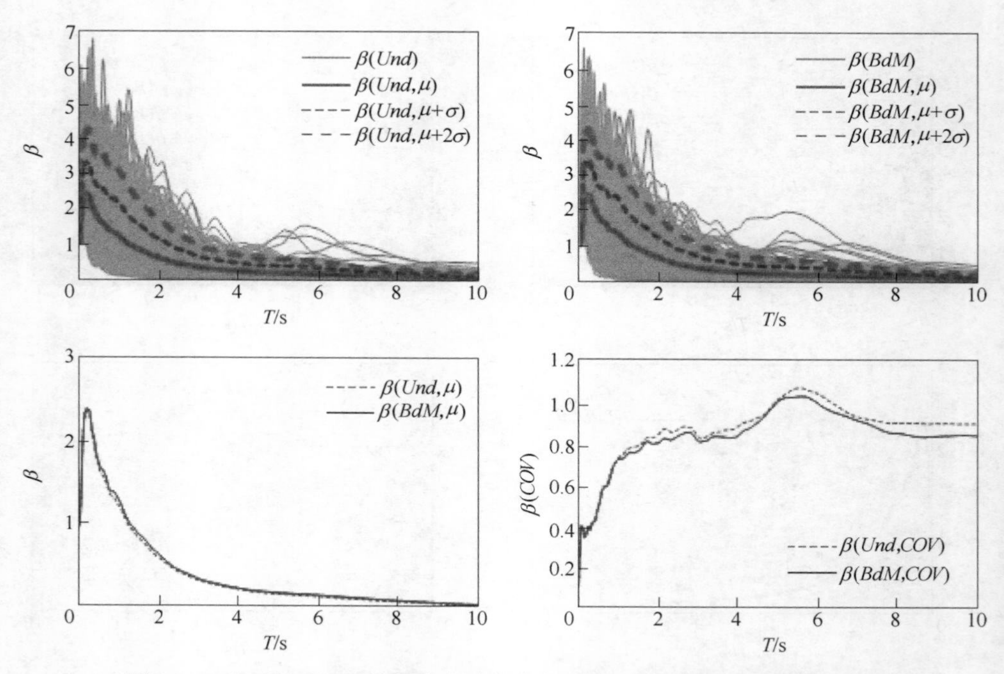

图 3-22　地面运动记录的加速度动力放大系数 β 谱（M6~7，R130~180）

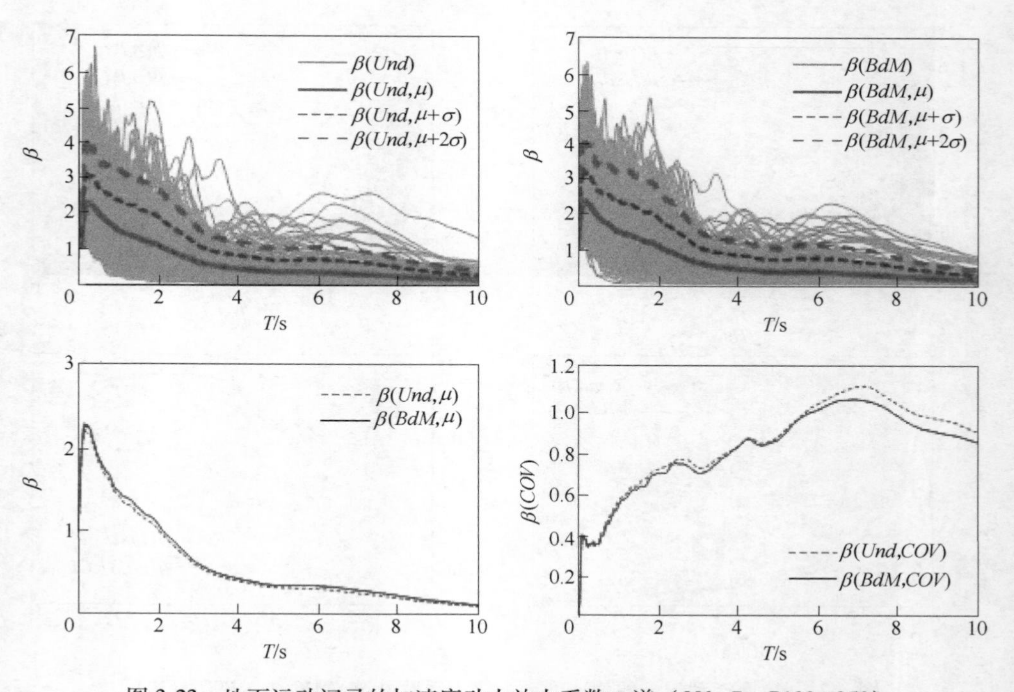

图 3-23　地面运动记录的加速度动力放大系数 β 谱（M6~7，R180~250）

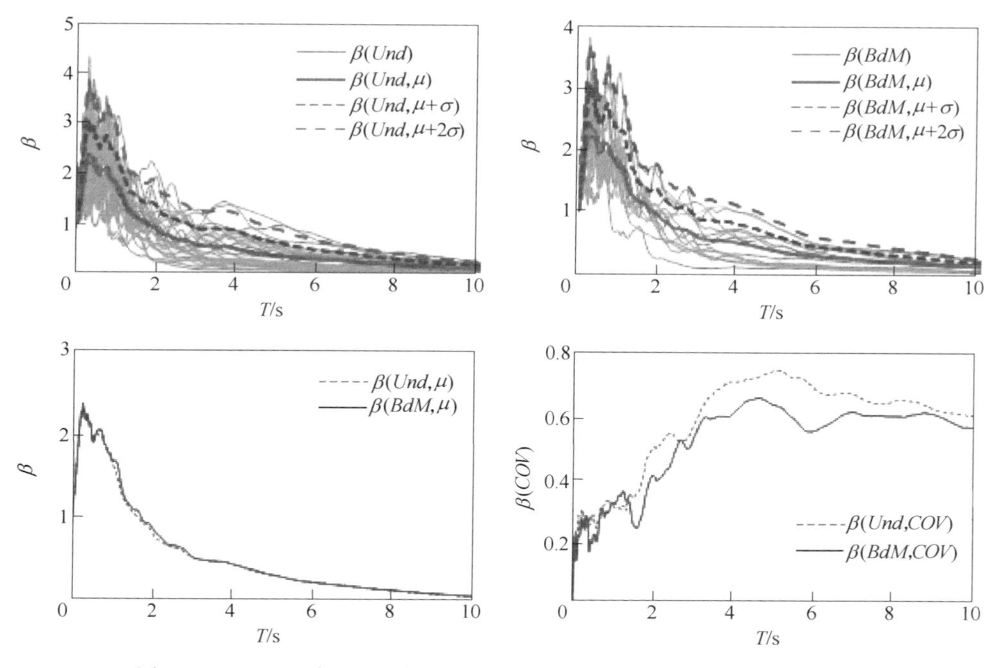

图 3-24 地面运动记录的加速度动力放大系数 β 谱（M7~8，R0~30）

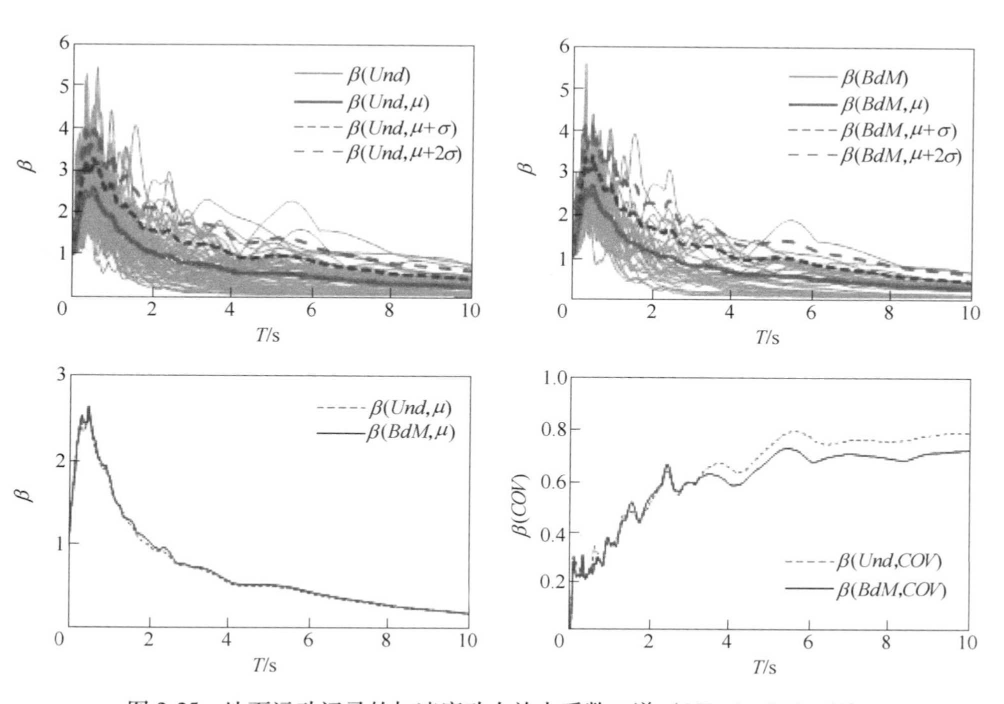

图 3-25 地面运动记录的加速度动力放大系数 β 谱（M7~8，R30~50）

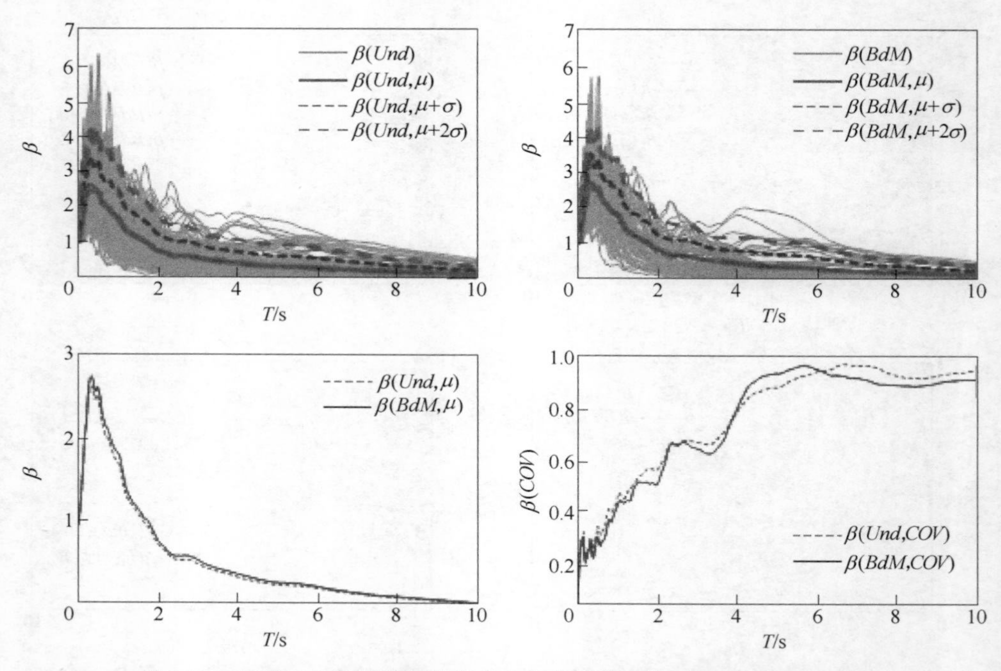

图 3-26　地面运动记录的加速度动力放大系数β谱（$M7\sim8$，$R50\sim90$）

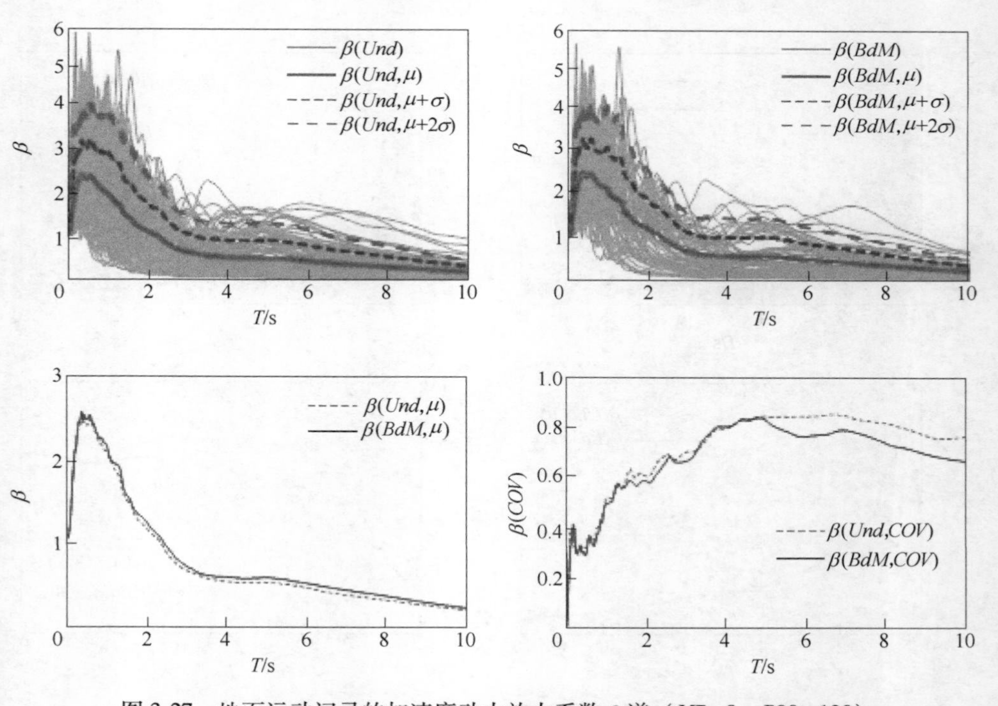

图 3-27　地面运动记录的加速度动力放大系数β谱（$M7\sim8$，$R90\sim130$）

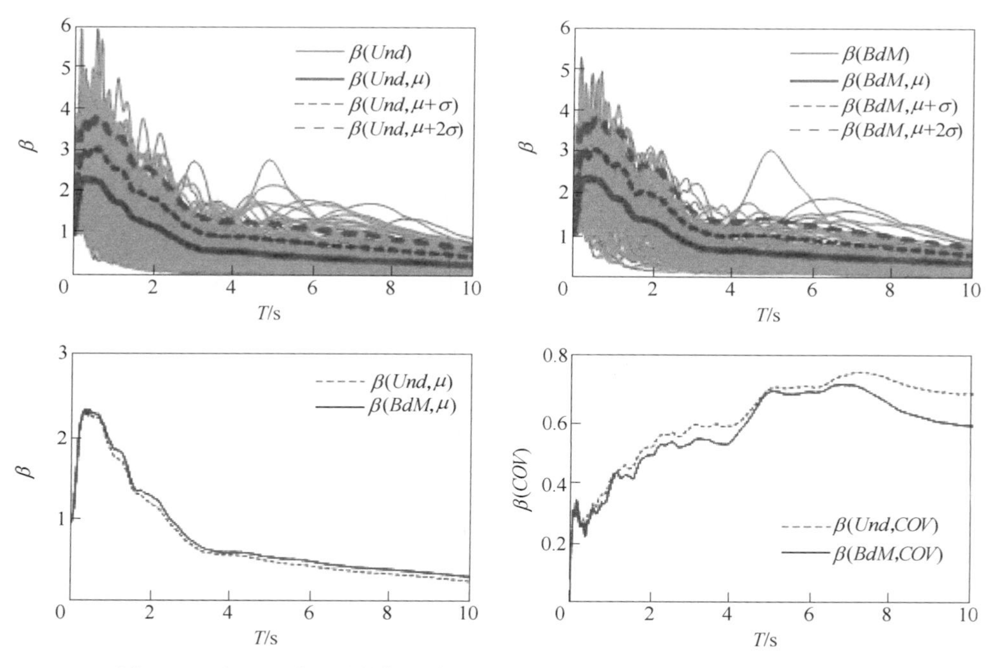

图 3-28 地面运动记录的加速度动力放大系数β谱（M7~8，R130~180）

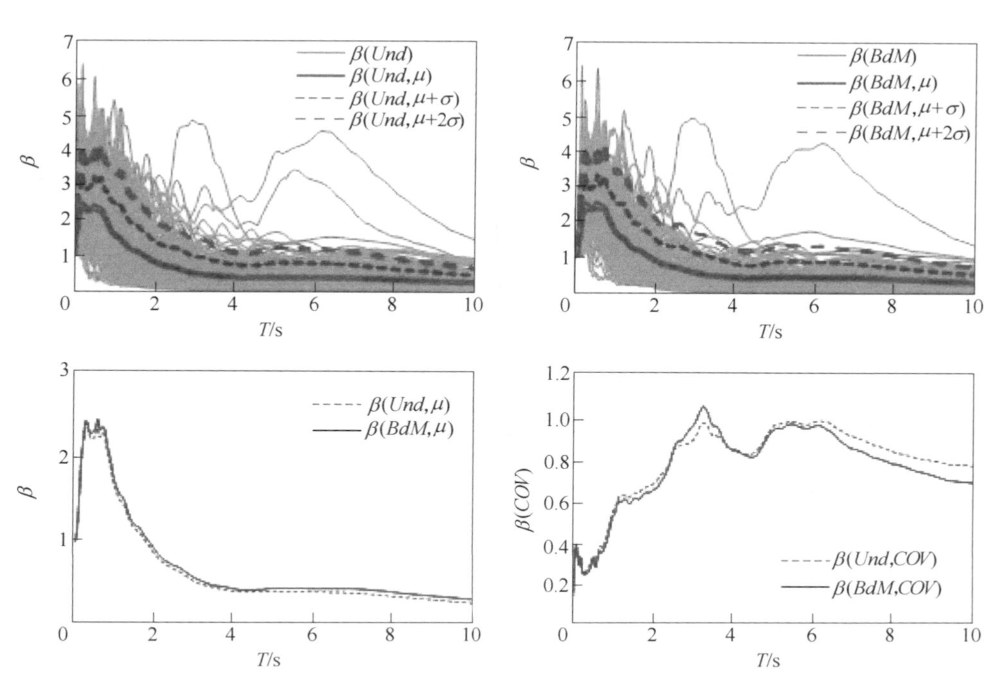

图 3-29 地面运动记录的加速度动力放大系数β谱（M7~8，R180~250）

$\beta(BdM, \mu+2\sigma)$ 和 $\beta(Und, \mu)$、$\beta(Und, \mu+\sigma)$、$\beta(Und, \mu+2\sigma)$ 的分布情况、$\beta(BdM, \mu)$ 和 $\beta(Und, \mu)$ 曲线的对比以及 $\beta(BdM, COV)$ 和 $\beta(Und, COV)$ 曲线的对比情况。从图 3-6 ~ 图 3-29 可以看出，各个震级、距离分档下的 $\beta(Und)$ 和 $\beta(BdM)$ 的分布情况很相似；$\beta(BdM, \mu)$ 和 $\beta(Und, \mu)$ 曲线，两者的形状基本相同，在周期0~0.3s内两者基本重合，而在周期0.3~10s内前者的动力放大系数普遍略大于后者的动力放大系数；$\beta(BdM, COV)$ 和 $\beta(Und, COV)$ 曲线的形状也大体上很相似，局部有小的差别，总体来说，两者均在 0~0.2s 的短周期内快速增大，其后增速渐缓，普遍来说，前者小于后者。

从图 3-6~图 3-29 还可以看出，同一震级下，随着距离的增大，长周期段的谱值不断增大。这是由于高频地面运动信号随距离的增加而衰减的速度较低频地面运动信号快，导致远距离处的地面运动频谱中以低频为主，也就是说随着周期的增大，地面运动信号中长周期成分占的比例逐步加大。这与之前的研究结果[105]相同。

为了更直观地给出各震级和距离分档情况下地面运动记录 BdM 谱和 Und 谱动力放大系数谱的统计特征差异，下面分别给出两者平均值、标准差和变异系数的比值 τ、ξ、υ。

图 3-30 给出了各震级和距离分档情况下地面运动记录 BdM 谱与 Und 谱动力放大系数谱平均值的比值 τ，即 $\beta(BdM, \mu)$ 与 $\beta(Und, \mu)$ 的比值随周期变化的情况。从中可以看出，总体来说，τ 值大于1.0，且随着周期的增大，τ 值有增大趋势；$M5$~6 时 τ 值的离散性均较 $M6$~7 和 $M7$~8 时明显偏大，这是因为 $M5$~6 的地面运动记录数据最少，因而离散性显得最大。

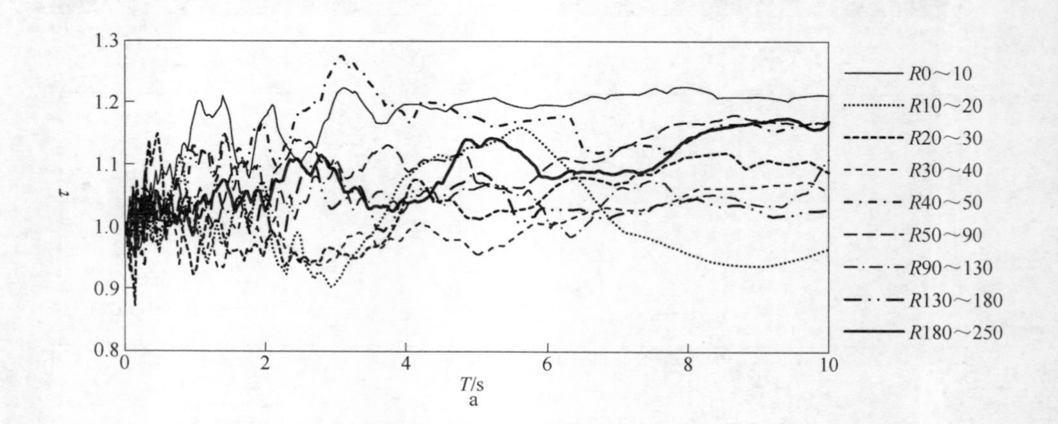

a

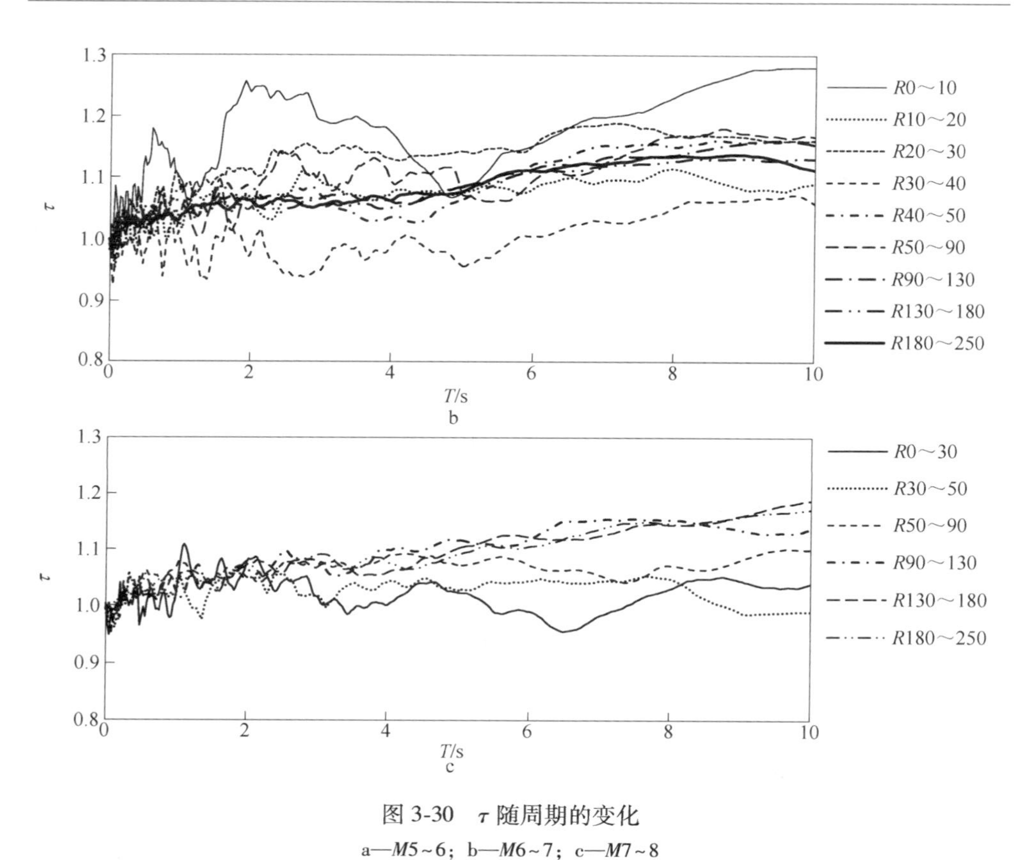

图 3-30 τ 随周期的变化

a—*M*5~6；b—*M*6~7；c—*M*7~8

图 3-31 给出了各震级和距离分档情况下地面运动记录 BdM 谱和 Und 谱动力放大系数谱标准差的比值 ξ，即 $\beta(BdM,\ \sigma)$ 与 $\beta(Und,\ \sigma)$ 的比值随周期变化的

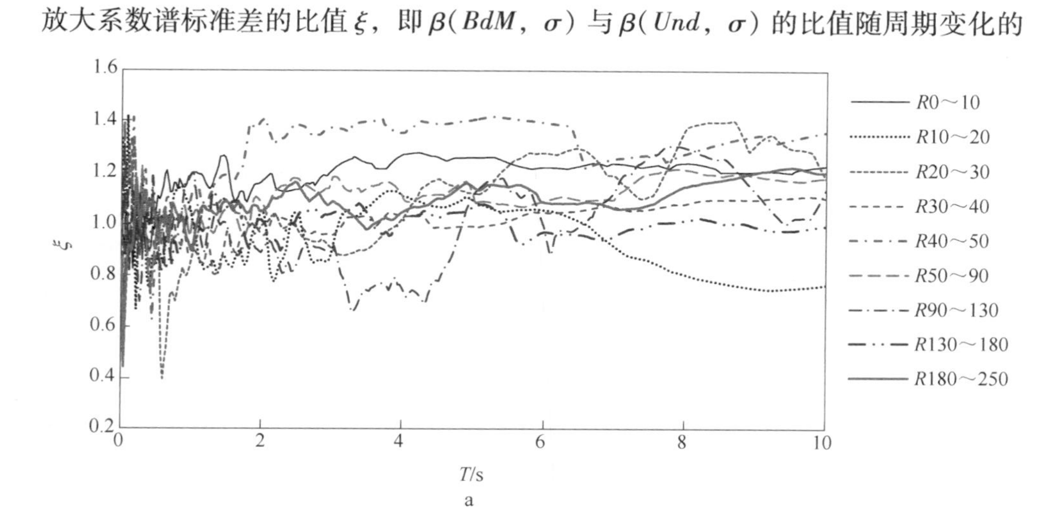

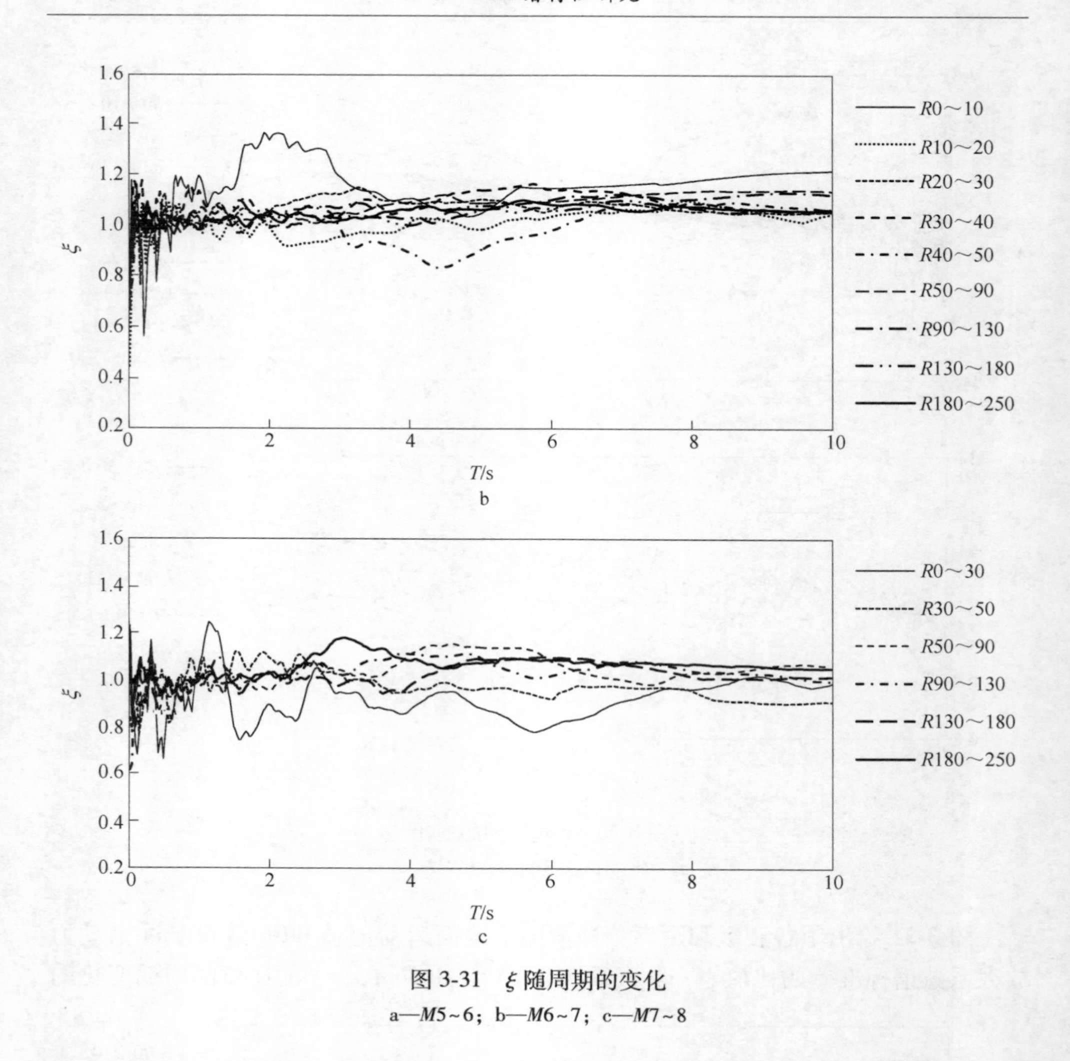

图 3-31　ξ 随周期的变化

a—*M*5~6；b—*M*6~7；c—*M*7~8

情况。从中可以看出，在所有震级范围内，ξ 值基本均在 1.0 上下浮动；*M*5~6 时 ξ 值的离散性均较 *M*6~7 和 *M*7~8 时明显偏大，这也是因为 *M*5~6 的地面运动记录数据最少，因而离散性最大。

图 3-32 给出了各震级和距离分档情况下地面运动记录 BdM 谱和 Und 谱动力放大系数谱变异系数的比值 υ，即 $\beta(BdM, COV)$ 与 $\beta(Und, COV)$ 的比值随周期变化的情况。从中可以看出，震级为 6~8 级时，υ 值基本都略小于 1.0，也就是说，$\beta(BdM, COV)$ 比 $\beta(Und, COV)$ 小，即双向最大加速度动力放大系数谱比单向加速度动力放大系数谱的离散性小；*M*5~6 时，υ 值的离散性均较 *M*6~7 和 *M*7~8 时明显偏大，这是因为 *M*5~6 的地面运动记录数据最少，因而离散性最大。

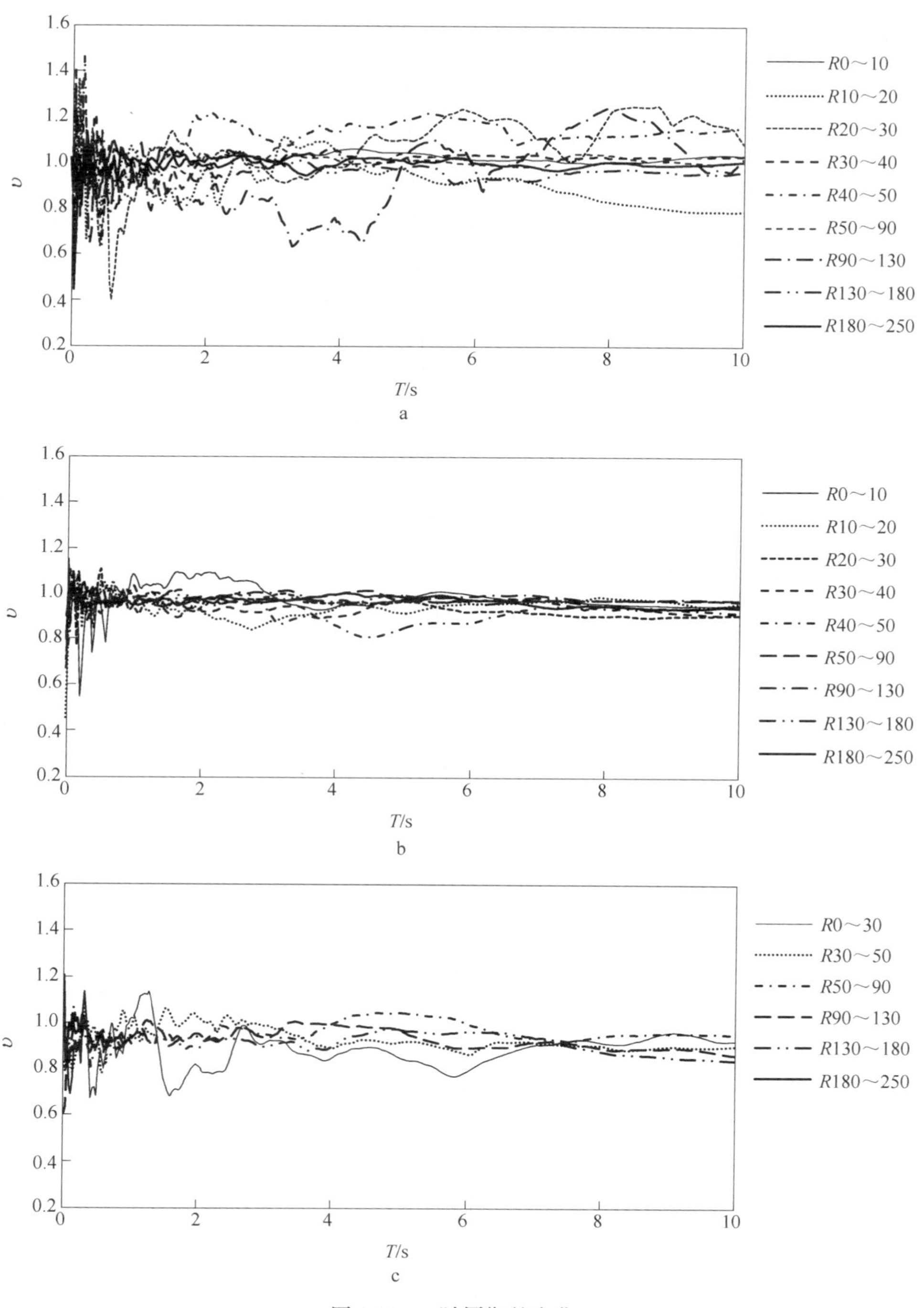

图 3-32　υ 随周期的变化

a—*M*5～6；b—*M*6～7；c—*M*7～8

3.5　本章小结

（1）双向水平最大加速度反应谱（BdM 谱）值，是一定周期和阻尼比下考虑了记录仪器所有可能水平放置方位下的水平加速度时程对应的所有单向水平加速度反应谱值的最大值，无论记录仪器水平放置方位如何，该谱值给出的都是一个地震事件中在一个记录台站处的水平地面运动强度的唯一代表值，而且是工程结构抗震设防最关注的最大地震风险代表值。双向水平最大加速度反应谱 BdM 谱值是考虑水平地面运动强度方位特征后合适的水平地面运动强度指标。

（2）分析Ⅱ类场地不同类型地面运动的双向水平最大加速度反应谱（BdM 谱）和单向水平加速度反应谱（Und 谱）特性后，发现在同一地面运动类型下：1）对于相同阻尼比下的同一周期处谱值，前者的平均值和标准差分别为后者的 1.2~1.4 倍和 1.1~1.4 倍；2）两者在谱形上相似，但前者的动力放大系数普遍大于后者的动力放大系数，且随着周期的增大，两者差距也在增大；3）双向水平最大加速度峰值 PGA_{BdM} 和单向水平加速度峰值 PGA 两者平均值的比值在 1.2 左右。

（3）在相同阻尼比和相同周期下，BdM 谱无论在谱形状和谱值的变异系数上均小于 Und 谱。也就是说，双向水平最大加速度反应谱无论是谱形状还是谱值大小的离散性均小于单向水平加速度反应谱的谱形状和谱值的离散性。这意味着，相同情况下，统计分析地面运动记录的双向最大加速度反应谱时，采用比统计分析地面运动记录的单向水平加速度反应谱时更少的地面运动记录，就可以获得相似稳定性的统计分析结果。

4 基于 BdM 谱对规范设计反应谱的建议

4.1 引　　言

水平地面运动强度的方位特征强烈影响着水平地面运动的强度，应在结构的抗震设计中予以考虑。设计反应谱是结构抗震设计各方法中设计地震作用的取值依据，对结构的抗震安全性至关重要。因此，有必要在设计反应谱中考虑水平地面运动强度的方位特征。

中国和美国均由地震动参数区划图给出某一设防地震动水平的一个或多个地震动参数，然后由相应规范给定设计反应谱形状。也就是说，设计反应谱上仅一个或多个点的坐标由地震动参数区划图给出，而其他点的坐标由这些点的坐标和设计反应谱形状的数学表达式计算得出，这里的地震动参数对应于水平地面运动参数，即水平地面运动强度指标。因此，设计反应谱上每个周期的谱值取决于设防地震动水平、水平地面运动强度指标的选择和设计反应谱形状。

为此，本章从设防地震动的确定、水平地面运动强度指标和设计反应谱的形状三个方面，梳理我国和美国设计反应谱的发展历程，归纳和分析当前地震学者和地震工程学者在地面运动及其对工程结构影响规律的最新认识，考察我国设计反应谱与这些最新认识间的差距，并为我国设计反应谱的今后发展方向提出建议，特别是如何在其中考虑水平地面运动强度方位特征。

4.2 规范设计反应谱

我国地震动参数区划图给出一定风险水准下的地震动参数（即加速度有效峰值和特征周期），《建筑结构抗震设计规范》（GBJ 11—89）[48]、《建筑结构抗震设计规范》（GB 50011—2001）[35]和《建筑结构抗震设计规范》（GB 50011—2010）[17]给出设计反应谱的形状，两者联合确定设计反应谱。地震动参数区划图给出的加速度有效峰值和特征周期对应于设计反应谱的平台结束点。下面分别从设防地震动、水平地面运动强度指标和设计反应谱的形状三个方面介绍我国设计反应谱的发展历程。

4.2.1　设防地震动

从 20 世纪 50 年代开始，我国地震工作部门先后编制了五代地震区划图，分别为 1957 年、1977 年、1990 年、2001 年和 2015 年地震区划图。其中，前三代地震区划图均用地震烈度表达。而烈度是根据地震破坏后果评定的，主要参照自振周期小于 0.2s 的建筑物的破坏程度确定。因此，烈度很难反映 0.2s 以上的中、长周期地震动特性。从第四代的《中国地震动参数区划图》（GB 18306—2001）[42,43]开始，采用地震动参数编制区划图。由于加速度峰值主要反映地震波的高频特征，以单一加速度峰值表述的地震区划不能满足经济迅速发展的需要，而依据反应谱进行抗震设计更为合理。于是，GB 18306—2001[42,43]没有选择加速度峰值作为编制区划图的地震动参数，而是选用与反应谱平台高度相应的加速度峰值和反应谱特征周期为地震动参数编制区划图，并沿用从 1990 年地震区划图开始采用的概率地震危险性分析方法。GB 18306—2001 给出了 50 年超越概率 10%的加速度有效峰值和反应谱特征周期区划图。对应的概率水准与 1990 年地震区划图中基本烈度的超越概率水准一致。

《建筑抗震设计规范》（GBJ 11—89）[48]首次提出了抗震设防的三水准目标：当遭受低于本地区设防烈度的多遇地震影响时，一般不受损坏或不需修理仍可继续使用；当遭受本地区设防烈度的地震影响时，可能损坏，经一般修理或不需修理仍可继续使用；当遭受高于本地区设防烈度的预估的罕遇地震影响时，不致倒塌或发生危及生命的严重破坏。这三个抗震设防水准目标，亦被俗称为“小震不坏、中震可修、大震不倒”，并一直沿用至今。地震的发生及其强度的随机性很强，因此采用概率统计分析来估计一个地区可能遭受的地震影响。通常，用 50 年内不同超越概率水平分别表示多遇地震、设防地震或基本地震、罕遇地震的概率含义。这三个概率水平，在《建筑抗震设计规范》（GBJ 11—89）[48]、《建筑抗震设计规范》（GB 50011—2001）[35]和《建筑抗震设计规范》（GB 50011—2010）[17]中，分别对应于 50 年超越概率 63%、10%和 2%~3%；而在《中国地震动参数区划图》（GB 18306—2001）[43]中则分别对应于 50 年超越概率 63%、10%和 2%。

根据地震活动规律，罕遇地震并不是一个地区可能遭受的最强烈地震作用，超出罕遇地震强度的地震仍可能发生；而且，国内外特大地震灾害表明，建筑物的倒塌破坏、严重的地震地质灾害、应急准备不足等是这类特大地震导致重大人员伤亡的直接原因。因此，《中国地震动参数区划图》（GB 18306—2015）[44,45]根据以人为本的理念，将抗倒塌作为编图的基本准则，同时还提出“极罕遇地震动”的概念，定义极罕遇地震动相应于年超越概率 10^{-4} 的地震动。由此，GB 18306—2015 明确给出了“四级地震作用”，对应的概率水平分别为：多遇地震动对应于 50 年超越概率 63%的地震动；基本地震动对应于 50 年超越概率 10%的地震动；罕遇地震动对应于 50 年超越概率 2%的地震动；极罕遇地震动对应于年超越概率 10^{-4}的地震动。

从抗倒塌的编图理念出发，一般建设工程地震设防应考虑罕遇地震的影响。于是，GB 18306—2015 将 50 年超越概率 10%地震动峰值加速度（表示为 $\alpha_{max,\ 10\%/50Y}$）与 50 年超越概率 2%地震动峰值加速度/1.9（表示为 $\alpha_{max,\ 2\%/50Y}/1.9$）中的较大者定义为基本地震动 $\alpha_{max}^{基本}$，以该基本地震动作为编图指标。$\alpha_{max,\ 2\%/50Y}$ 与 $\alpha_{max,\ 10\%/50Y}$ 比值的优势分布在 1.6~2.3，平均值为 1.9。GB 18306—2015[44,45]中基本地震动 $\alpha_{max}^{基本}$ 的定义中的“1.9”即由此而来。这样处理，从方法上保证了抗倒塌设计参数（罕遇地震动）的风险水平不低于 50 年超越概率 2%，同时现行的抗震设计规范基本不做修改，以期确保大地震抗倒塌目标的实现。GB 18306—2015[44,45]中的地震动峰值加速度区划图和反应谱特征周期区划图，直接给出的基本地震动参数，对应的概率水准大致为 50 年超越概率 10%，基本延续了 GB 18306—2001[43]中基本地震动的概率水准。我国地震区划图关于设防地震动的演变如图 4-1 所示。

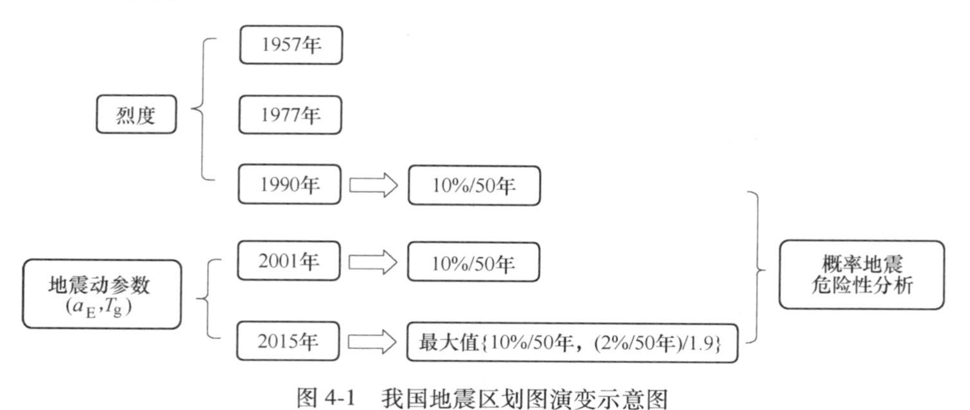

图 4-1 我国地震区划图演变示意图

4.2.2 水平地面运动强度指标

虽然近年来我国强震观测数据得到了快速积累，但全国大部分地区仍不足以用强震数据直接回归得到地震动参数衰减关系。然而，我国近 60 年来已积累了发生在不同地区的、造成明显灾害的数百次地震事件的等震线图，即体现震害变化的烈度分布图，这是我国独有的可信度很高的地震衰减规律信息优势，故可据此给出不同地震活动类型地区的烈度衰减关系。而美国西部地区和世界上其他一些地区则既有以往多次地震的等震线图归纳出的地震烈度衰减关系，又有由足够数量地震台站记录的地震地面运动记录归纳出的地震动参数衰减关系。因此，可将这类地区作为参考区，以我国各地区烈度衰减关系与参考区烈度衰减关系的对比关系为转换手段，从而由参考区的地震动参数衰减关系转换得出我国各地区地震动参数衰减关系，这一方法通常被称为映射法[106]。

通常认为影响地震动参数 Y（如加速度峰值、速度峰值、加速度反应谱值等）或者烈度 I 的主要因素包括震源特性和传播途径。其中，最常用的描述震源的参数是震级 M，描述传播途径的参数是距离 R，当然还包括场地条件等影响因素。在场地条件影响以其他方式考虑的条件下，地震动参数 Y 和烈度 I 与震级 M 和距离 R 的关系，可分别近似表示为：

$$Y = Y(M,R) \tag{4-1}$$

$$I = I(M,R) \tag{4-2}$$

映射法，即在已知参考地区 A（有大量地震记录）的地震烈度衰减关系 $I^{A}(M,\ R)$、被研究地区 B（缺乏强震观测资料）的地震烈度衰减关系 $I^{B}(M,\ R)$、参考地区 A 的地震动参数衰减关系 $Y^{A}(M,\ R)$ 的条件下，求地区 B 的地震参数衰减关系 $Y^{B}(M,\ R)$。其中，假定在震级或震中烈度相同的条件下，具有相同烈度的场地，其地震动参数相同。根据此假定，即可由已知的 $I^{A}(M,\ R)$、$I^{B}(M,\ R)$ 和 $Y^{A}(M,\ R)$，求得 $Y^{B}(M,\ R)$，如图 4-2 所示。其中，需要求算的是图 4-2a 中圆点标示点 $Y^{B}(M,\ R_{B})$。顺着箭头方向，可以从已知的 B 地区烈度

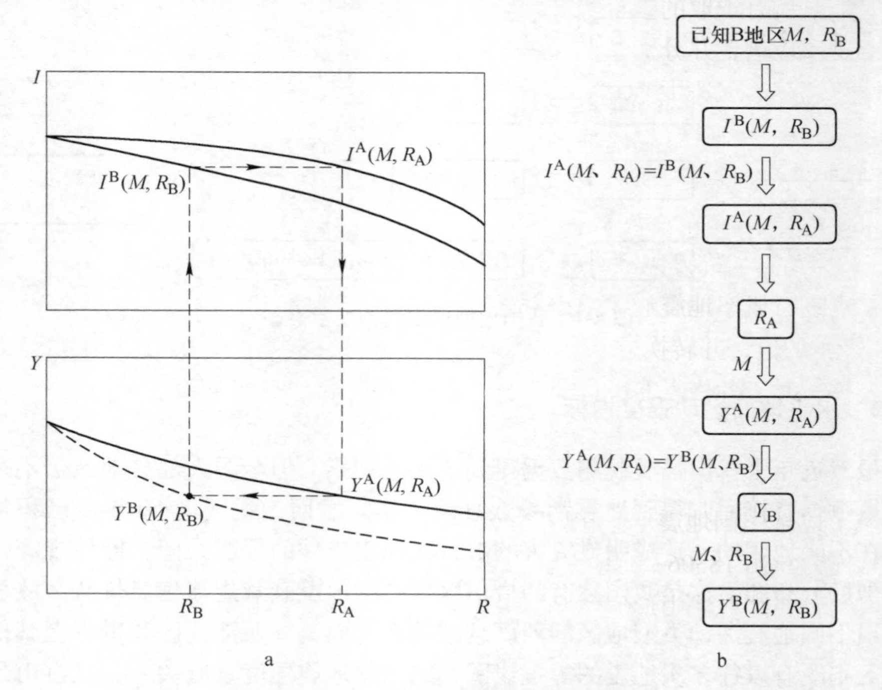

图 4-2　映射法求解示意图

a—示意图；b—流程图

衰减关系中求得震级 M 和距离 R_B 对应的 $I^B(M, R_B)$ 值；根据假定，令 A、B 地区的烈度值相等，于是得到 $I^A(M, R_A)$；根据已知的 A 地区烈度衰减关系，计算出距离 R_A；再根据 A 地区的地震动参数衰减关系计算出震级 M、距离 R_A 对应的 $Y^A(M, R_A)$；根据假定可知，A、B 地区的地震动参数相等，也就得知了 $Y^B(M, R_B)$，也就是说，求得了震级 M、距离 R_B 对应的地震动参数值 $Y^B(M, R_B)$。通过求得不同震级 M、不同距离 R 处的地震动参数值，即可拟合出 B 地区的地震动参数衰减关系。

《中国地震动参数区划图》（GB 18306—2001）[42] 和（GB 18306—2015）[45] 均主要以美国西部为参考区，采用映射法[106] 建立我国分区地震动参数衰减关系。其技术思路为：（1）在确定我国地震动参数衰减关系分区的基础上，建立各分区地震烈度衰减关系；（2）主要选择美国西部为参考地区，建立该地区的地震动衰减关系，并选择合适的参考地区地震烈度衰减关系；（3）采用中线映射原则得到我国各分区地震动参数衰减关系。

我国编制《中国地震动参数区划图》（GB 18306—2001）[42] 和（GB 18306—2015）[45] 时，确定参考区地震动参数衰减模型的过程中，依据的是众多基岩场地台站的水平方向地面运动记录，且将同一台站的两个水平方向记录视为独立的两条记录。对所有选取的参考区地面运动记录计算阻尼比 5%的绝对加速度反应谱和拟速度反应谱，并分别确定加速度反应谱和拟速度反应谱的平台值。用两者平台值除以 2.5，分别得到有效峰值加速度 a_E 和有效峰值速度 v_E。通过统计分析，得出参考区 a_E 和 v_E 的衰减关系。然后，通过映射法得出我国 a_E 和 v_E 的衰减关系。GB 18306—2001[42] 将我国境内及邻区按 0.2°×0.2°经纬度间隔划分为网格，共 4 万多个网格格点，作为计算场点。GB 18306—2015[45] 则将我国境内及邻区约按 0.1°×0.1°经纬度间隔划分为网格，共 104850 个网格格点，作为计算场点。对各格点进行概率地震危险性分析，得出各格点基岩基本地震动（设防地震动）的 a_E 和 v_E 的值，并转换成Ⅱ类场地相应的 a_E 和 v_E 值，从而形成了编制区划图的基础数据。对于各格点Ⅱ类场地的 a_E 和 v_E 值，通过 $T_g = 2\pi v_E / a_E$ 计算得到各格点的反应谱特征周期 T_g；再用Ⅱ类场地 a_E 和 T_g 格点值分别绘制出全国范围的等值线图；然后，按 a_E 和 T_g 的分档方案勾画出不同档的 a_E 或 T_g 的分区图。

从上述《中国地震动参数区划图》（GB 18306—2001）[42] 和《中国地震动参数区划图》（GB 18306—2015）[45] 给出有效峰值加速度 a_E 和特征周期 T_g 分区图的过程可知，在映射法中形成参考地区衰减关系时，将同一台站的两个水平方向记录视为独立的两条记录，即根据单向水平地面运动记录建立衰减关系，因此由衰减关系得出的 a_E 为任意单向的有效峰值加速度。这意味着，我国是依据单向的有效峰值加速度划分设防烈度分区的。

4.2.3　设计反应谱形状

我国抗震设计规范中以地震影响系数曲线表达的设计反应谱，是对大量单向水平实际地震地面运动记录的加速度反应谱进行统计平均、平滑处理后，结合工程经验和经济实力做了某些调整后综合确定的。我国地震影响系数曲线，通常用三个参数来描述，即最大地震影响系数 α_{max}、特征周期 T_g、长周期段反应谱下降曲线的衰减指数 γ 。以下简要说明我国各时期设计反应谱形状的主要特点。

1974 年，我国颁布了《工业与民用建筑抗震设计规范》(TJ 11—74)(试行)[46]（简称 1974 规范），该规范是我国第一个正式批准的抗震设计规范。唐山地震后，在对 1974 规范进行局部补充和修正的基础上，1979 年我国颁布了该规范的正式版本《工业与民用建筑抗震设计规范》(TJ 11—78)[47]（简称 1978 规范）。1974 规范和 1978 规范地震影响系数曲线，取阻尼比为 5%，且仅与场地条件有关，长周期段曲线按 1/T 的规律衰减。同时，为了避免周期较长的结构的设计地震作用取值过低，对地震影响系数曲线设定了一个下限值，即 $\alpha_{min} = 0.2\alpha_{max}$ 的水平段，如图 4-3a 所示。1974 规范和 1978 规范的水平地震影响系数最大值 α_{max} 见表 4-1，需要特别说明的是，表 4-1 中的 α_{max} 对应于设防地震水准，而不是多遇地震水准，在按地震影响系数曲线计算地震作用时尚需乘以结构影响系数 C。1974 规范和 1978 规范，依据对场地土的宏观描述，将场地划分为三类，各类场地的特征周期 T_g 如图 4-3a 所示。

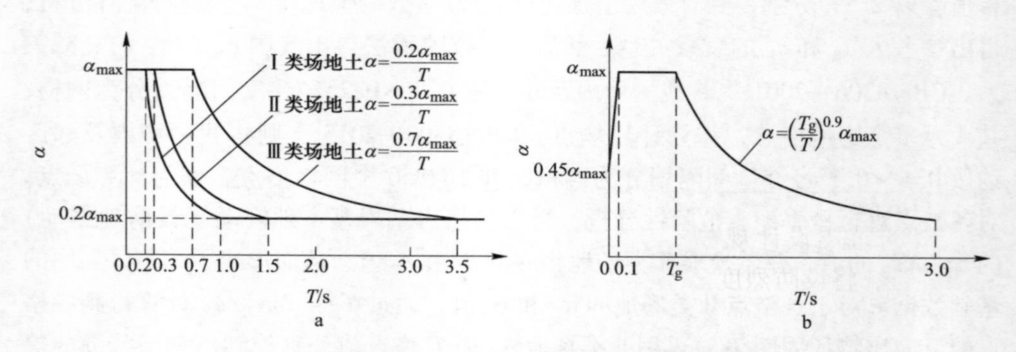

图 4-3　1974、1978 和 1989 规范地震影响系数曲线

a—1974、1978 规范；b—1989 规范

表 4-1　水平地震影响系数最大值（1978 规范）

设防烈度/度	7	8	9
α_{max}	0.23	0.45	0.90

1989 年，在总结 1975 年海城地震和 1976 年唐山地震震害教训的基础上，借

鉴国外抗震规范的经验后，我国颁布了《建筑抗震设计规范》（GBJ 11—89）[48]（简称 1989 规范）。1989 规范提供了 5%阻尼比的地震影响系数曲线。在划分场地类别时，1989 规范增加了覆盖层厚度和剪切波速指标，将场地划分为四类。同时，考虑到场地周围地震环境对地震影响系数曲线形状的影响，1989 规范地震影响系数曲线考虑了近震和远震。1989 规范规定的各烈度区的水平地震影响系数最大值 α_{max} 见表 4-2，近震、远震和不同场地条件的特征周期 T_g 见表 4-3，这里的 α_{max} 和 T_g 均为多遇地震水准情况下的 α_{max} 和 T_g。1989 规范的水平地震影响系数最大值的取值，与 1978 规范按各结构影响系数 C 折减后的平均值大致相当。相对于 1974 规范和 1978 规范，1989 规范将地震影响系数曲线在 0~0.1s 周期范围内由原来的平台段改为斜直线上升段；在 0.1s~T_g 周期范围内为平台段，平台处 α_{max} 值与零周期曲线值的比值为 2.25；在周期大于 T_g 之后，地震影响系数曲线以 $1/T^{0.9}$ 的指数规律下降，但与 1978 规范一样设定了下限值 $\alpha_{min}=0.2\alpha_{max}$；设置适用的最长周期为 3s（图 4-3b）。相对于 1978 规范，其对阻尼比为 5%的中长周期结构的地震作用取值有所提高。

表 4-2 水平地震影响系数最大值（1989 规范）

烈度/度	6	7	8	9
α_{max}	0.04	0.08	0.16	0.32

表 4-3 特征周期（1989 规范）

近震、远震	场地类别			
	Ⅰ	Ⅱ	Ⅲ	Ⅳ
近震/s	0.20	0.30	0.40	0.65
远震/s	0.25	0.40	0.55	0.85

《建筑抗震设计规范》（GB 50011—2001）[35]（简称 2001 规范），相对于 1989 规范，将设防烈度分区进一步细分，在 7~8 度和 8~9 度之间各增加一档，各烈度区水平地震影响系数最大值见表 4-4。2001 规范的地震影响系数曲线主要做了以下改进：（1）根据地震学研究和强震观测统计资料分析，在周期 6s 范围以内，有可能给出比较可靠的反应谱，同时为了适应基本周期超过 3s 的高层建筑以及大跨度空间等结构的抗震设计需要，将地震影响系数曲线的最长适用周期延长至 6s（见图 4-4）。（2）采用三个设计分组取代近震、远震，以便更好地反映震级大小、震中距和场地条件的影响，各设计分组和场地类别的特征周期 T_g 见表 4-5。（3）在 $T \leqslant 5T_g$ 周期范围内，2001 规范地震影响系数曲线与 1989 规范相同；在 $T>5T_g$ 周期范围内，按斜直线衰减（见图 4-4）。（4）考虑到不同阻尼比结构的抗震设计需要，如阻尼比小于 5%的钢结构和组合结构以及阻尼比大于 5%

的隔震和消能减震建筑，给出了不同阻尼比（0.01~0.20）情况下地震影响系数曲线相对于阻尼比5%的地震影响系数曲线的调整方法。（5）取消地震影响系数曲线下限值 $\alpha_{min}=0.2\alpha_{max}$ 规定，但是2001规范增加了楼层最小地震剪力系数的规定（见第5.2.5条），规定扭转效应明显或基本周期小于3.5s的结构，楼层最小地震剪力系数不小于 $0.2\alpha_{max}$；基本周期大于5.0s的结构，楼层最小地震剪力系数不小于 $0.15\alpha_{max}$；基本周期介于3.5s和5.0s之间的结构，楼层最小地震剪力系数按插入法取值。

表 4-4　水平地震影响系数最大值（2001 规范）

地震影响/度	6	7	8	9
多遇地震	0.04	0.08（0.12）	0.16（0.24）	0.32
罕遇地震	—	0.50（0.72）	0.90（1.20）	1.40

注：括号内数字分别用于设计基本地震加速度为0.15g和0.30g的地区。

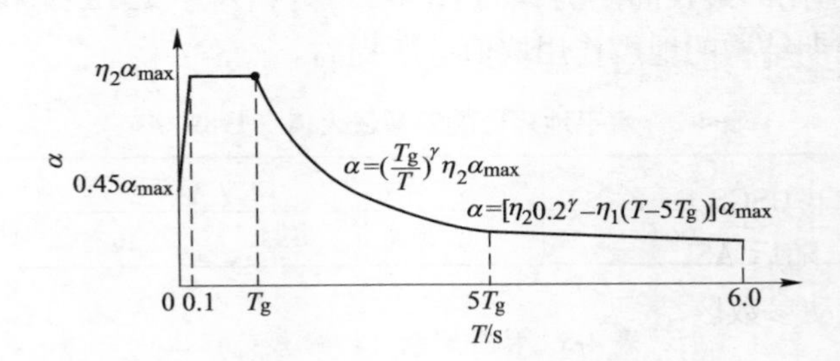

图 4-4　2001 规范地震影响系数曲线

表 4-5　特征周期（2001 规范）　　(s)

设计地震分组	场地类别			
	Ⅰ	Ⅱ	Ⅲ	Ⅳ
第一组	0.25	0.35	0.45	0.65
第二组	0.30	0.40	0.55	0.75
第三组	0.35	0.45	0.65	0.90

由于2001规范不同阻尼比的反应谱曲线在长周期处可能交叉，阻尼比大的反应谱值反而大于阻尼比小的反应谱值，这显然不合理。因此，《建筑抗震设计规范》（GB 50011—2010）[17]（简称2010规范）对设计反应谱的形状参数和调整系数做了微调，但保持了2001规范设计反应谱的基本构架。

虽然自1974年起，我国设计反应谱的形状经历了1974规范[46]和1978规范[47]、1989规范[48]、2001规范[35]以及2010规范[17]等几次调整，但均是在对大量单向水平地面运动记录的加速度反应谱进行统计平均、平滑处理，并考虑结构的抗震安全性作出人为调整后得出的[49~51]。也就是说，除了人为调整部分外，我国设计反应谱形状体现的是任意单向水平加速度反应谱的形状特征。结合《中国地震动参数区划图》（GB 18306—2001）[43]和《中国地震动参数区划图》（GB 18306—2015）[44]中给出的水平地面运动强度指标（即任意水平单向地震动峰值加速度）可知，除了人为调整部分外，我国 2001 规范[35]和 2010 规范[17]中设计反应谱每个周期的谱值代表的是任意单向水平加速度反应谱值。

4.3 美国设计反应谱

这里主要介绍美国 NEHRP 和 ASCE 7（Minimum Design Loads for Buildings and Other Structures）中对于设计反应谱的规定。自 1985 年起，NEHRP 在美国国务院紧急事物管理局（Federal Emergency Management Agency，简称 FEMA）的有力支持下由美国建筑抗震安全委员会（Building Seismic Safety Council，简称 BSSC）负责编写，每三年修订一次。一般来说，NEHRP 的相应版本中设计用地震地面运动参数图，均是以其上一年由美国地质调查局 USGS 负责编制的地震区划图为基础给出的，然后 NEHRP 的相关规定将会被随后颁布的 ASCE 7 所采纳。例如，在 2008 年 USGS 地震区划图的基础上，NEHRP 2009 给出了设计用地震地面运动参数图，随后 ASCE7-10 采纳了 NEHRP 2009 相关规定。

USGS 地震动参数区划图给出一定风险水准下 0.2s 和 1.0s 周期处的加速度反应谱值，而 2002 年之后尚给出了长周期过渡周期 T_L，NEHRP 和 ASCE 7 则给出设计反应谱的形状，以此确定设计反应谱。针对 USGS 地震区划图、NEHRP 和 ASCE 7 这三套美国背景文献或规范，下面分别从设防地震动、水平地面运动强度指标和设计反应谱的形状三个方面介绍美国设计反应谱的发展历程。

4.3.1 设防地震动

NEHRP 1994（FEMA 222A）[107]以 50 年超越概率 10%的等效峰值加速度 A_a 和等效峰值速度 A_v 两个地面运动参数进行抗震设计，即设计地震动为 50 年超越概率 10%的地面运动。从 1978 年等效峰值加速度 A_a 和等效峰值速度 A_v 作为地震动区划参数的首次提出到 1997 年，这一思路已沿用了大约 20 年。相对于这 20 年间所积累的地震学者对于地震地面运动规律的新认识和地震工程学者对抗震设计方法的新认识而言，这一思路已严重落后。于是，FEMA、BSSC 和 USGS 联合推出了 NEHRP 1997（FEMA 273、FEMA 274）[52,53]，以反映这 20 年来累积的科学研究成果。为此，BSSC 组成了一个 15 人的抗震设计方法组（Seismic Design Procedures Group，简称 SDPG），由该组制定地震地面运动参数分布图和抗震设计方法。除了两个来自 USGS 的地震学者外，该抗震设计方法组的其他人均来自工程设计界。

从 NEHRP 1997（FEMA 273、FEMA 274）[52,53]开始按设计反应谱值确定设计地震作用，并引入了最大考虑地震 MCE（Maximum Considered Earthquake）。对于美国的绝大部分地区而言，最大考虑地震 MCE 为 50 年超越概率 2%的地面运动。但是，对于距离主要活动断层很近的地区，如美国西部某些地区，发现使用 50 年超越概率 2%的地面运动并不合适。首先，对这些地区预测出的 50 年超越概率 2%的地面运动比那些近场仪器记录到的真实强震记录强烈得多。其次，历次震害结果表明，这些地区的建筑结构按当时规范进行抗震设计后，在比设计地震大得多的地震中仍具有足够的抗倒塌能力。NEHRP 1997 的抗震设计方法组 SDPG 认为，这个比设计地震大得多的地震的强度至少是设计地震的 1.5 倍。因此，对于这些靠近主要活动断层的地区，决定将其最大考虑地震 MCE 定义为以下两者中的较小者，其一为 50 年超越概率 2%的地面运动，其二为由这些主要活动断层的确定性特征地震计算的平均地面运动的 1.5 倍。NEHRP 1997 首次提出针对两个地震水准的抗震设防目标，即设计地震作用下有限损伤且保障生命安全和最大考虑地震 MCE 作用下不倒塌。

NEHRP 1997（FEMA 273、FEMA 274）[52,53]针对已有建筑的修复，规定使用的设计地震为 50 年超越概率 10%的地面运动，但不超过最大考虑地震 MCE 的 2/3。之所以从 NEHRP 1997（FEMA 273、FEMA 274）[52,53]开始提出最大考虑地震 MCE 并依据 MCE 确定设计地震，是由于 NEHRP 1997 的抗震设计方法组 SDPG 认为，NEHRP 的首要目的是减少地震引起的伤亡，而地震引起的伤亡中多数是由结构倒塌导致的，因此 NEHRP 的核心任务是保障依据其进行抗震设计的结构在强烈地震作用下的倒塌概率很小；并主张相对于全美用统一的地震风险（如 50 年超越概率 10%或者 2%）进行抗震设计，通过抗震设计使得所有结构在强烈地震风险下具有统一的抵抗倒塌的安全裕量更有意义。这个强烈地震即为最大考虑地震 MCE。

抗震设计方法组 SDPG 一致认为，结构抗倒塌安全裕量的下限是：即使在 1.5 倍设计地震作用下，结构倒塌的可能性也很小。当然，结构抗倒塌的安全裕量与很多因素有关，包括设计地震的定义、建设场地的选择、结构设计标准和方法、抗震构造措施和施工质量等。这里的讨论仅限于其中设计地震的定义。

不同超越概率地面运动强度间的差异，在全美各地不同。也就是说，对于全美各地而言，50 年超越概率 10%的地面运动和 50 年超越概率 2%的地面运动之间的差异各不相同。例如，对于加利福尼亚海岸地区，这两者的差距小于地震活动性低的地区，如美国中部和东部地区。图 4-5 给出了几个地点周期 0.2s 的相对地震风险曲线，并以各自 50 年超越概率 2%的反应谱值进行了标准化。从图 4-5 可以看出，周期 0.2s 处 50 年超越概率 2%和 50 年超越概率 10%反应谱谱值的比值，除了在加利福尼亚海岸地区大约为 1.5 外，在其他几个地区变化范围较大，从 2.0 到 5.0 不等。这就导致一个问题，即若以 50 年超越概率 10%的地面运动作为设计地震动，能否保障全美各地结构在 50 年超越概率 2%的地震作用下具有统一的抗倒塌安全裕量。

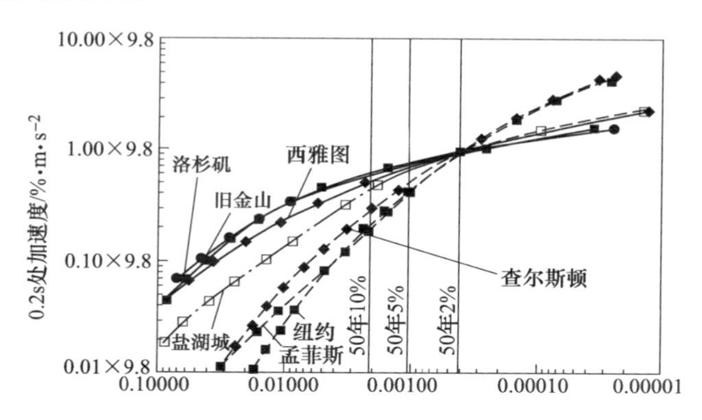

图 4-5 周期 0.2s 处的加速度反应谱相对风险曲线[55]

1996 年版 USGS 给出了 50 年超越概率 10%、5%和 2%的全美地震区划图[108]。这些地震区划图表明，在全美的大部分地区，50 年超越概率 2%的地震大于 1.5 倍的 50 年超越概率 10%的地震。这就意味着，如果以 50 年超越概率 10%的地震区划图作为设计地震作用取值依据，那么在 50 年超越概率 2%的地震作用下，对于这些大部分地区，结构倒塌的可能性较另外一部分地区（即 50 年超越概率 2%的地震不大于 1.5 倍的 50 年超越概率 10%的地震的地区，主要是美国东部和中部地区）偏大，而且全美各地结构倒塌概率间差异也相对较大。这一结果背离了抗震设计方法组 SDPG 的初衷，即希望全美各地结构在很大的地震作用下具有统一的抗倒塌安全裕量。

于是，此后的 NEHRP 2000（FEMA 368、FEMA 369）[54,55]、ASCE 7-02[56]、NEHRP 2003（FEMA 450）[57,58]、ASCE 7-05[59]均改为根据最大考虑地震 MCE 确定设计地震，即将设计地震取为最大考虑地震 MCE 的 1/1.5，即 2/3。他们的最大考虑地震 MCE 对应的概率地震的超越概率均为 50 年 2%。这意味着，在 NEHRP 1997（FEMA 273、FEMA 274）[52,53]之后，美国已放弃了 50 年超越概率 10%地震动的定义。相比于按 50 年超越概率 10%地震动确定，设计地震按最大考虑地震 MCE 的 2/3 确定后，这样设计出的工程结构在 50 年内的倒塌概率，在全美各地更趋于一致。但是，这一概率在全美各地间的差异仍然明显。

上述差异存在的主要原因之一在于，这一概率的地理分布不一定与某个超越概率（如 50 年超越概率 2%）地面运动的地理分布一致[109]。其概率的地理分布差异，主要是由地震风险曲线的形状不一致导致的（见图 4-5）。当时，ATC 3-06[109]

曾建议，抗震设防目标为结构在 50 年内的倒塌概率不超过 1%。NEHRP 1997 的抗震设计方法组 SDPG 希望通过抗震设计使得所有结构在强烈地震作用（即最大考虑地震 MCE）下具有统一的抵抗倒塌的安全裕量，或者说在强烈地震作用（即最大考虑地震 MCE）下具有统一的足够低的倒塌概率。为了实现这一抗震设防目标，首先需量化这个很小的倒塌概率。FEMA P695（ATC 63）[77]认为，这个很小的概率为 10%，且这一概率大致与 ATC 3-06[109]建议的 50 年倒塌概率 1%相当。

于是，NEHRP 2009（FEMA P-750）[10]、ASCE 7-10[11]均将其上一版本中的最大考虑地震 MCE 改进为目标风险最大考虑地震 MCE_R（Risk-targeted Maximum Considered Earthquake），目的在于将概率地震（Probabilistic Ground Motions）由地面运动 50 年超越概率 2%转变成结构的 50 年倒塌概率 1%对应的地震动，具体方法见 Luco 等的研究成果[110]；对于确定性地震（Deterministic Ground Motions），由于考虑到近断层地震的不确定性，需要考虑比以前 1.5 倍平均地震更大的安全度，因此采用 84%分位值地震，相当于 1.8 倍平均地震。但是，在由这些确定性地震控制的地震活动性很强的地区，如美国西部地区，由此设计出的结构 50 年倒塌概率会高于 1%。目标风险最大考虑地震 MCE_R 的启用，才基本从理论上实现了 NEHRP 1997（FEMA 273、FEMA 274）[52,53]的抗震设计方法组 SDPG 的最初设想，即通过抗震设计使得全美各地的结构在强烈地震作用下具有统一的抗倒塌能力。NEHRP 2009（FEMA P-750）[10]和 ASCE7-10[11]将设计地震取为目标风险最大考虑地震 MCE_R 的 2/3，NEHRP 2015（FEMA P-1050）[15,16]沿用了这一做法。

4.3.2　水平地面运动强度指标

NEHRP 和 ASCE 7 多年来采用的设计反应谱谱值代表的物理意义有概念性变化，即随着对地面运动规律认识的深入，这两类文献均对水平地面运动强度指标做了调整。

在 NEHRP 1994（FEMA 222A）[107]中，采用的水平地面运动强度指标是 50 年超越概率 10%的等效峰值加速度 A_a 和等效峰值速度 A_v 两个地面运动参数。此后，USGS、NEHRP 和 ASCE 7 的地震区划图中均采用加速度反应谱值作为水平地面运动参数。但在一次地震事件中的一个记录台站处，记录到的水平地面运动加速度时程有两个水平分量，分别对应两条加速度反应谱，如何用这两个加速度反应谱表征水平地面运动的强度呢？在这一问题上，USGS、NEHRP 和 ASCE 7 的各版本中采用的方法不同。

自 2002 年起至今，美国地质调查局 USGS 给出的地震区划图共有三个版本，分别是 2002 年版、2008 年版和 2014 年版。美国 2002 年地震区划图是由几套地面运动衰减关系模型综合得到的，这些模型中，有的预测出的是任一水平分量反应谱值，有的预测出的是两个方向水平分量的几何平均值 GM_{xy}[69,111]。如美国中部和东部采用的衰减关系模型中，Atkinson 和 Boore 模型[112]预测出的是任一水平分量反应谱值，而 Campbell 模型[113]预测出的是两个水平方向分量的加速度反应谱几何平均值 GM_{xy}；美国西部采用 Boore 等人[3]、Sadigh 等人[4]、Abrahamson 和 Silva[5]、Spudich 等人[92]、Campbell 和 Bozorgnia[114]提出的衰减关系预测出的全部为两个水平方向分量的加速度反应谱几何平均值 GM_{xy}。对于相同的地面运动记录，当阻尼比不变时，由任一水平分量反应谱值和两个水平分量反应谱值的几何平均值作为水平地面运动强度指标所表达出的地面运动强度是存在差异的，而且该差异可能较大。为了展示这种差异，本书以 1999 年土耳其 Duzce 地震中 Lamont 1062 台站记录到的两个水平方向（X、Y）地面运动加速度时程（编号 RSN1615）为例，在图 4-6a 中分别给出 X、Y 方向加速度时程对应于阻尼比 5% 的加速度反应谱 Sa_x、Sa_y 以及两者的几何平均值谱 $Sa_{GM_{xy}}$，从图 4-6a 中可以看出，在周期 0~2s 范围内，三者的差异很大。为了量化该差异，图 4-6b 进一步分别给出了 Sa_x 和 Sa_y 相对于 $Sa_{GM_{xy}}$ 的差异，从中可以看出，在周期 0~2s 范围内，Sa_x 和 Sa_y 相对于 $Sa_{GM_{xy}}$ 的差异最大，甚至可高达近 100%，在周期 2~10s 范围内，很多周期下差异都在 20%左右；而 Sa_x 和 Sa_y 间的差异更大，甚至可高达 140%。从图 4-6 可以看出，以任一水平分量反应谱值和两个水平分量反应谱值的几何平均值作为水平地面运动强度指标，对于同一地震记录而言，所表征的水平地面运动强度存在较大差异。采用这两个地面运动强度指标的不同衰减关系的平均值和标准差应也存在较大差异。用这样的衰减关系来编制地震区划图，会使得评价各地的地震风险标准不同，是不合理的。显然，2002 年地震区划图在这一方面有待改进。

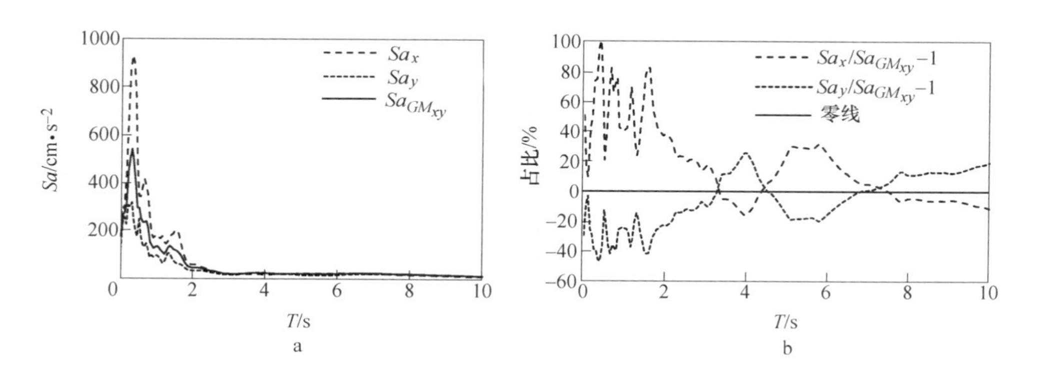

图 4-6 RSN1615 的水平加速度反应谱和几何平均谱及其差异

a—x、y 加速度反应谱和几何平均谱；b—x、y 加速度反应谱相对几何平均谱的差异

Beyer 和 Bommer[8]、Campbell 和 Bozorgnia[9]、Waston-Lamprey 和 Boore[115]研究后发现，相对于采用任一水平分量反应谱值的地面运动衰减关系而言，采用几何平均值 GM_{xy} 的衰减关系预测出的中值更接近、标准差较小。但是，几何平均值与该处记录仪器的水平放置方位直接相关。如果记录仪器记录水平地面运动的水平坐标系旋转一个角度，得到新的水平方向记录时程及其对应的加速度反应谱，一定阻尼比和周期下得出的几何平均值也会随该旋转角度的改变而改变。以上述记录 RSN1615 为例，假定其水平坐标系相对原始位置旋转一定角度 θ，θ 从 0°开始以增量 1°递增，一直旋转到 $\theta=90°$ 位置，给出阻尼比 5%情况下周期分别为 1. 0s、2. 0s、3. 0s 和 4. 0s 的各旋转角度时 x、y 方向加速度反应谱值 Sa_x、Sa_y 以及两者几何平均谱的谱值 $Sa_{GM_{xy}}$，如图 4-7 所示。从图 4-7 可以看出，不同旋转角度对应的不同水平坐标系下，各周期处单向加速度反应谱值和两个水平方向加速度反应谱的几何平均谱的谱值，随旋转角度产生的变化幅度依然较大，特别是单向加速度反应谱值。在周期 2. 0s 时，由于水平方位的不同，单向加速度反应谱值的最大值与最小值的比值甚至达到 2. 16。几何平均值谱的谱值随旋转角度的变化幅度，虽然没有单向加速度反应谱值的变化幅度大，但是也不能忽视。在周期 4. 0s 时，由于水平方位的不同，几何平均谱的谱值的最大值与最小值的比值达到 1. 23。也就是说，由于记录仪器的水平放置方位具有任意性，由此得到的

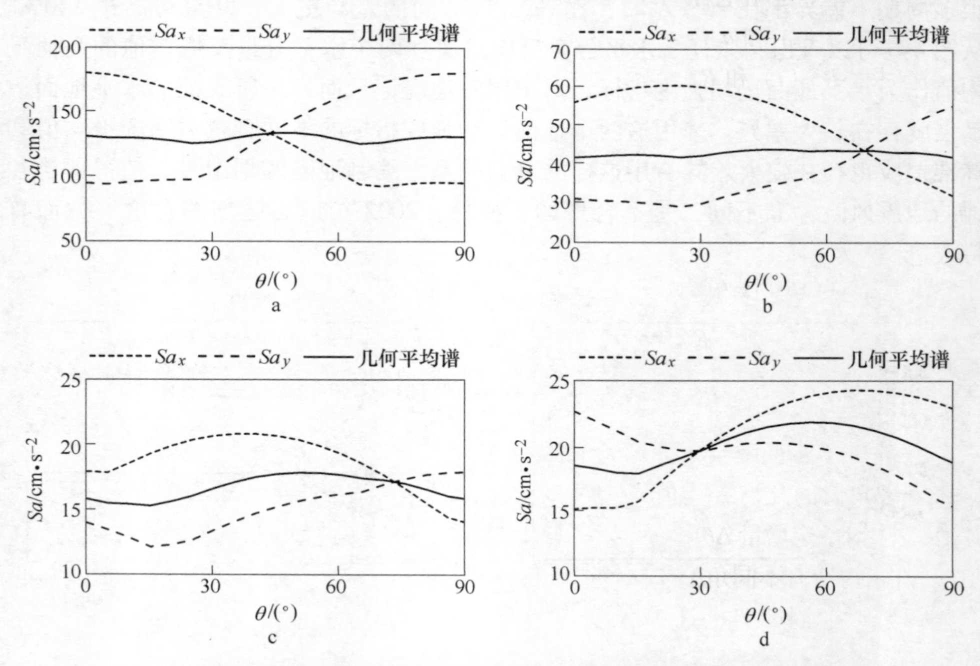

图 4-7　不同旋转角度下 RSN1615 的水平加速度反应谱值和几何平均谱值

a—$T=1.0$s；b—$T=2.0$s；c—$T=3.0$s；d—$T=4.0$s

水平加速度反应谱几何平均值也具有相应的随机性。如果用这些与记录仪器水平放置方位有关的量来表征水平地面运动强度的话，水平地面运动强度将强烈地受记录仪器水平放置方位的影响。本书第 1 章称这一特征为水平地面运动强度的方位特征。

图 4-7 中仅给出旋转角度 0°~90°的单向加速度反应谱值和其几何平均谱的谱值情况，是由于加速度反应谱几何平均值是周期为 $\pi/2$ 的周期函数。若将原始记录得到的两个加速度时程水平分量分别记为 $a_x(t)$ 和 $a_y(t)$，则当记录仪器水平转动角度为 θ 时，会得到两个新的记录 $a_{x,\theta}(t)$ 和 $a_{y,\theta}(t)$，见式（1-1）和式（1-2）。如果角度 θ 旋转 $\pi/2$，得到的新记录 $a_{x,\theta+\pi/2}(t)$ 和 $a_{y,\theta+\pi/2}(t)$，见式（1-3）和式（1-4）。将式（1-3）和式（1-4）与式（1-1）和式（1-2）进行对照后，可以看出，式（1-3）和式（1-4）对应的加速度反应谱几何平均值与式（1-1）和式（1-2）对应的加速度反应谱几何平均值相等。因此，加速度反应谱几何平均值是周期为 $\pi/2$ 的周期函数。

为了剔除加速度反应谱几何平均值中由于记录仪器水平放置方位的任意性带来的随机性，2006 年 Boore 等人[6]提出了与记录仪器水平放置方位无关的水平地面运动强度指标 GMRotI50。对于一组地面运动记录的两个水平加速度时程 $a_x(t)$ 和 $a_y(t)$，其一定阻尼比和周期 T_i 下 GMRotI50 反应谱的计算步骤如下：分别计算原始记录 $a_x(t)$ 和 $a_y(t)$ 对应一定阻尼比和特定周期 T_i 下的单自由度体系加速度反应时程 $RS_x(t)$ 和 $RS_y(t)$。

将记录仪记录时的水平坐标系旋转一个角度 θ，θ 从 0°开始。由于加速度反应谱值的几何平均值是以 $\pi/2$ 为周期的周期函数，因此 θ 的范围为 0°~90°。

记录仪记录时的水平坐标系旋转一个角度 θ 后，得到的新水平坐标系下的 $a_{x,\theta}(t)$ 和 $a_{y,\theta}(t)$，见式（1-1）和式（1-2）。$a_{x,\theta}(t)$ 和 $a_{y,\theta}(t)$ 对应的单自由度体系加速度反应时程 $RS_{x,\theta}(t)$ 和 $RS_{y,\theta}(t)$ 为：

$$RS_{x,\theta}(t) = RS_x(t)\cos\theta + RS_y(t)\sin\theta \tag{4-3}$$

$$RS_{y,\theta}(t) = -RS_x(t)\sin\theta + RS_y(t)\cos\theta \tag{4-4}$$

（1）确定反应时程 $RS_{x,\theta}(t)$ 和 $RS_{y,\theta}(t)$ 在整个时程中的绝对最大值，求得这两个最大值的几何平均值，记为 $GM(\theta, T_i)$。

（2）以一定增量 $\Delta\theta$ 增大旋转角度 θ，直到 θ=90°。计算每个角度 θ 下的 $GM(\theta, T_i)$，并求得所有不同角度 θ 的 $GM(\theta, T_i)$ 的中位值，记为 $GMRotD50(T_i)$。

（3）改变周期 T_i，计算所有关注的周期范围内的 $GMRotD50(T_i)$。

（4）对每个周期 T_i 的任何旋转角度 θ 下的 $GM(\theta, T_i)$ 用该周期 T_i 的 $GMRotD50(T_i)$ 进行正则化。

（5）计算罚函数：

$$penalty(\theta) = \frac{1}{N_{per}} \sum_{i=1}^{h} [GM(\theta, T_i)/GMRotD50(T_i) - 1]^2 \qquad (4\text{-}5)$$

（6）在该地面运动记录的可信周期范围 T_l 到 T_h 内，使上式罚函数取得最小值的角度记为 θ_{min}。

（7）对应于旋转角度 θ_{min} 的 $GM(\theta, T_i)$ 即为 $GMRotI50(T_i)$，也就是说：

$$GMRotI50(T_i) = GM(\theta_{min}, T_i) \qquad (4\text{-}6)$$

从上面的计算过程可知，$GMRotD50(T_i)$ 实际上是一定阻尼比下周期 T_i 情况下记录台站处所有可能方位的水平坐标系记录到的两个水平分量加速度反应谱值的几何平均值的中位值，该中位值对应于其中相对于原始记录坐标系一定角度的一个水平坐标系；不同周期处，该中位值对应的水平坐标系不同，即相对于原始记录水平坐标系的角度 θ 不同。GMRotI50 通过优化手段，确定一个最优的方位角 θ_{min}，使所有周期处取该相同的方位角 θ_{min}，并使得计算出的几何平均值在统计意义上最接近中位值水准。总体上，GMRotI50 较传统的几何平均值 GM_{xy} 偏大，但是偏大幅度很小，仅在 3%以内[6,8]。

GMRotI50 消除了记录仪器水平放置方位的不确定性带来的水平地面运动强度的不确定性。因此，美国太平洋地震研究中心 PEER 的 NGA（the Next Generation Attenuation models，后来也被称为 NGA-West1）研究计划中，将地面运动衰减关系预测出的水平地面运动强度指标确定为 GMRotI50[116]。基于 GM_{xy} 和 GMRotI50 的地面运动衰减关系，预测出的地面运动强度指标的平均值和标准差几乎相同。NGA-West1 的研究成果被美国地质调查局 USGS 采纳，并用到了 USGS 出版的 2008 年地震区划图中[117]。也就是说，2008 年美国地质调查局 USGS 地震区划图中采用的水平地面运动强度指标为 GMRotI50。

一次地震事件的一个记录台站处，强震仪每一种可能的水平放置方位（即水平坐标系）都对应着相应的水平加速度时程，这些加速度时程又对应着一定阻尼比下相应的加速度反应谱。每一周期处，由强震仪不同可能水平放置方位导致的加速度反应谱值不同，而强震仪原始记录方向对应的加速度反应谱值仅仅只是所有这些值中的一个随机值。把每一周期处的最大加速度反应谱值（即 BdM 谱值）连线，即得 BdM 谱。用 BdM 谱值表征该次地震事件在该台站处的水平地面运动强度的话，可以消除由于强震仪水平放置方位不确定性而导致的记录到的水平地面运动强度的不确定性，即考虑了水平地面运动强度的方位特征。

但是，对于一次地震事件一个记录台站处的 BdM 谱来说，各周期处取得 BdM 谱值的方向各不相同，在一个方向上取得多个周期的 BdM 谱值的可能性极小。图 4-8 给出了假设记录 RSN1615 和 RSN4026 的强震仪水平旋转不同角度时，所记录到的该次地震事件中在该台站处的新 x、y 方向加速度时程分量在各周期处取得 BdM 谱值时，该强震仪对应的水平旋转角度 θ_{BdM}。从图 4-8 可以看出，各周期处取得 BdM 谱值的方位各不相同。

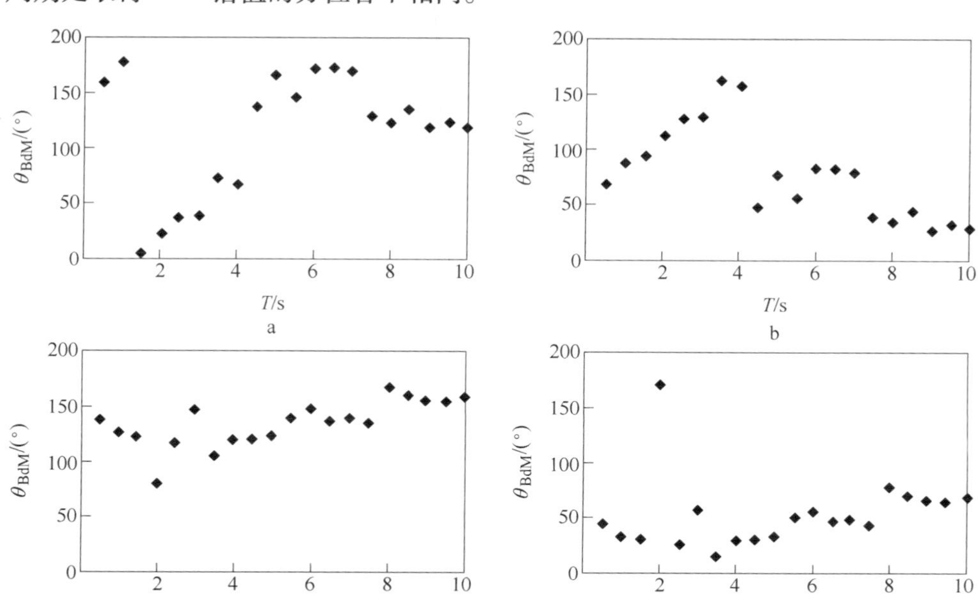

图 4-8　记录地面运动记录 RSN1615 和 RSN4026 的强震仪水平旋转不同角度后不同周期处最大方向加速度反应谱值对应的旋转角度

a— RSN1615 x 方向；b— RSN1615 y 方向；c—RSN4026 x 方向；d—RSN4026 y 方向

Shahi 和 Baker[104,118]研究后发现，在断层距离 R_{rup}[98]小于 5km 且周期大于 1.0s 时，最大方向反应谱值（即 BdM 谱值）的方向才有倾向性，且更多地倾向于垂直断裂的方向；其他情况下，BdM 谱值出现的方向没有倾向性，即可能出现在任何方向。也就是说，绝大多数情况下，记录仪器所有水平放置方位下的 BdM 谱值，可能出现在结构的任何主轴方向。结构的地震反应以低阶振型反应为主，如果一地面运动在结构某主轴方向的基本周期处取得 BdM 谱值，则对该反应谱值敏感的结构反应量，将在该主轴方向获得最大值。如果结构的两个主轴同等重要，那么设计者希望对结构的两个主轴方向均按 BdM 谱值进行抗震设计。为此，Beyer 和 Bommer[8]、Watson-Lamprey 和 Boore[115]以及 Huang 等人[7]建立了将 GMRotI50 转换成 BdM 谱值的模型，为 BdM 谱值在工程中的应用做了研究准备。于是，美国 NEHRP 2009（FEMA P-750）[10]中，规定采用最大方向反应谱值（即 BdM 谱值）进行抗震设计。NEHRP 2009 采用的做法是，在 2008 年地震区划图中 GMRotI50 的基础上，再乘以 Huang 等人[7]研究成果中的系数（短周期 1.1、中等周期 1.3），将 GMRotI50 转换成最大方向反应谱值[12]。也就是说，NEHRP 2009 采用的水平地面运动强度指标为最大方向反应谱值（即 BdM 谱值）。ASCE

7-10[11]接受了 NEHRP 2009 的这一做法。

最大方向反应谱谱值，是单方向可能出现的最大反应谱值，它与两个水平分量的几何平均值概念无关。为此，Boore[61]提出了 RotD50 和 RotD100 概念，用这两个参数表征水平地面运动强度。假定一次地震事件中一个台站处记录的两个加速度时程水平分量分别为 $a_x(t)$ 和 $a_y(t)$，则一定阻尼比下特定周期 T_i 处该记录的 RotD50 和 RotD100 的计算过程如下：

（1）将记录仪记录时的水平坐标系旋转一个角度 θ，θ 从 0°开始。此时，新水平坐标系下 x 方向的加速度时程分量为 $a_{x,\theta}(t)$，由式（1-1）表示。

（2）计算 $a_{x,\theta}(t)$ 对应的一定阻尼比下特定周期 T_i 处加速度反应谱值 $Sa_{x,\theta}(T_i)$。

（3）以一定增量 $\Delta\theta$ 增大旋转角度 θ，直到 $\theta = 180°$。计算每个角度 θ 下的 $Sa_{x,\theta}(T_i)$。由于 $a_{x,\theta}(t)$ 和 $a_{x,\theta+180°}(t)$ 在每个时间点数据的绝对值相同，只是正负号相反，而其对应的加速度反应谱值为单自由度系统的加速度反应时程中绝对最大值，因此两者的加速度反应谱值相同，θ 的最大值为 180°即可。

（4）求得所有角度下 $Sa_{x,\theta}(T_i)$ 的中位值即为 RotD50，最大值即为 RotD100。

RotD50 和 RotD100 同样可以消除由于记录仪器水平放置方位的不确定性带来的水平地面运动强度指标的不确定性。RotD50 的值接近 GMRotI50，RotD100 的值即为最大方向反应谱值。美国太平洋地震研究中心 PEER 的 NGA-West2 研究计划中，将地面运动衰减关系预测出的水平地面运动强度指标确定为 RotD50[9,119,120]，而不再采用 GMRotI50。美国 NEHRP 2009[10]采纳设计者的建议，规定用最大方向反应谱值进行抗震设计。因此，在制作地震区划图时，尚需把 RotD50 转换为 RotD100。于是，Shahi 和 Baker[118]建立了两者之间的转换模型。NGA-West2 的研究成果已经被美国地质调查局 USGS 采纳，并运用到了美国地质调查局 USGS 出版的 2014 年地震动参数区划图[117]中。也就是说，美国 2014 年 USGS 地震动参数区划图中采用 RotD100（即最大方向反应谱值）作为水平地面运动强度指标。

4.3.3　设计反应谱形状

NEHRP 1997（FEMA 273）[52]规定的设计反应谱形状如图 4-9 所示。

该设计反应谱的数学表达式为：

上升段（$0 \leqslant T \leqslant 0.2T_0$）：

$$Sa = \left(\frac{3T}{T_0} + 0.4\right)\frac{S_{XS}}{B_S} \tag{4-7}$$

水平段（$0.2T_0 \leqslant T \leqslant T_0$）：

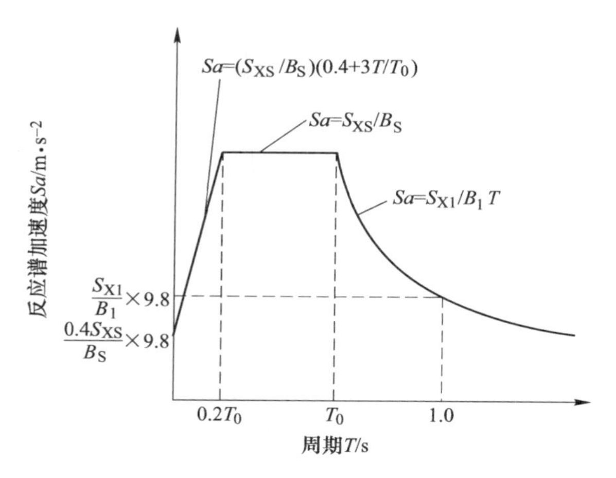

图 4-9 NEHRP 1997 规定的设计反应谱

$$Sa = \frac{S_{XS}}{B_S} \tag{4-8}$$

下降段（$T > T_0$）：

$$Sa = \frac{S_{X1}}{B_1 T} \tag{4-9}$$

其中 $$T_0 = \frac{S_{X1}B_S}{S_{XS}B_1} \quad S_{XS} = F_a S_S \quad S_{X1} = F_v S_S$$

式中 B_S，B_1——阻尼系数；

F_a，F_v——场地系数；

S_S——5%阻尼比短周期处 50 年超越概率 10%的加速度反应谱值和最大考虑地震 MCE 加速度反应谱值 2/3 中的较小者。

NEHRP 2000（FEMA 368、FEMA 369）[54,55]和 ASCE 7-02[56]中给出的设计反应谱形状如图 4-10 所示。

该设计反应谱的数学表达式为：

上升段（$0 \leqslant T \leqslant T_0$）：

$$Sa = \left(\frac{0.6T}{T_0} + 0.4\right) S_{DS} \tag{4-10}$$

水平段（$T_0 \leqslant T \leqslant T_S$）：

$$Sa = S_{DS} \tag{4-11}$$

下降段（$T > T_S$）：

$$Sa = \frac{S_{D1}}{T} \tag{4-12}$$

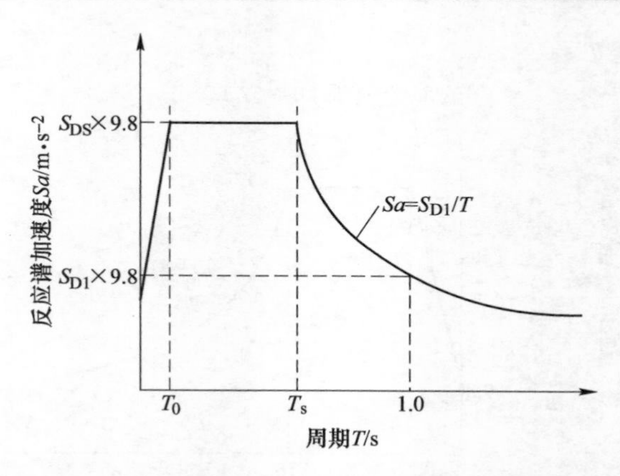

图 4-10　NEHRP 2000 和 ASCE 7-02 中给出的设计反应谱

其中　$S_{DS}=\frac{2}{3}S_{MS}$　$S_{D1}=\frac{2}{3}S_{M1}$　$T_0=0.2\frac{S_{D1}}{S_{DS}}$　$T_S=\frac{S_{D1}}{S_{DS}}$

式中　S_{MS}，S_{M1}——经场地效应调整后的最大考虑地震 MCE（Maximum Considered Earthquake）短周期处和 1.0s 周期处的 5%阻尼比加速度反应谱值。

根据 Newmak 和 Hall 对地面运动加速度反应谱的认识，加速度反应谱存在三个特征段，即短周期处的等加速度反应谱段（如图 4-10 中的 $T_0 \leqslant T \leqslant T_S$ 周期范围的平台段），长周期范围的等速度反应谱段（如图 4-10 中的 $T_S < T < T_L$ 周期范围的下降段）和更长周期范围的等位移反应谱段。由于当时周期较长的结构较少，设计反应谱到等速度范围足够用，因而设计反应谱未包含等位移反应谱段。

NEHRP 2003（FEMA 450）[57,58] 和 ASCE 7-05[59] 以及 NEHRP 2009（FEMA P-750）[10] 和 ASCE 7-10[11] 规定的设计反应谱形状如图 4-11 所示。

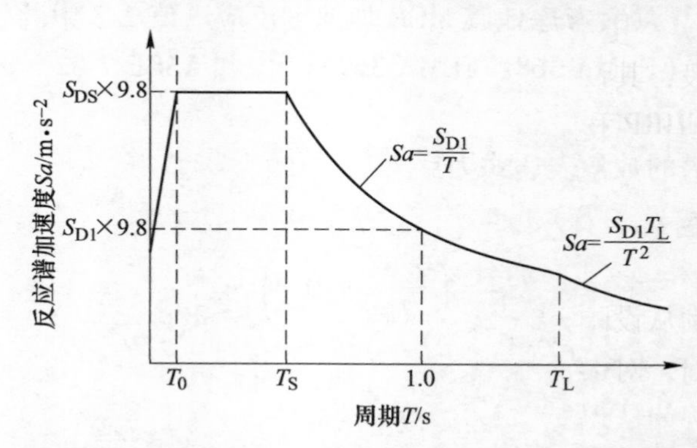

图 4-11　NEHRP 2003、ASCE 7-05、NEHRP 2009 和 ASCE 7-10 规定的设计反应谱

该设计反应谱的数学表达式为：

上升段（$0 \leqslant T \leqslant T_0$）：

$$Sa = \left(\frac{0.6T}{T_0} + 0.4\right) S_{DS} \tag{4-13}$$

水平段（$T_0 \leqslant T \leqslant T_S$）：

$$Sa = S_{DS} \tag{4-14}$$

下降段一（$T_S \leqslant T \leqslant T_L$）：

$$Sa = \frac{S_{D1}}{T} \tag{4-15}$$

下降段二（$T > T_L$）：

$$Sa = \frac{S_{D1} T_L}{T^2} \tag{4-16}$$

其中，S_{DS}，S_{D1}，T_0、T_S 的定义同 NEHRP 2000（FEMA 368、FEMA 369）[54,55]和 ASCE 7-02[56]；对于 NEHRP 2003（FEMA 450）[57,58]和 ASCE7-05[59]，S_{MS} 和 S_{M1} 分别为经场地效应调整后的最大考虑地震 MCE（Maximum Considered Earthquake）短周期处和 1.0s 周期处的 5%阻尼比加速度反应谱值；对于 NEHRP 2009（FEMA P-750）[10]和 ASCE7-10[11]，S_{MS} 和 S_{M1} 分别为经场地效应调整后的目标风险最大考虑地震 MCE_R（Risk-targeted Maximum Considered Earthquake）短周期处和 1.0s 周期处的 5%阻尼比加速度反应谱值。T_L 为与地震分区和震级有关的长周期段过渡周期。

与 NEHRP 2000（FEMA 368、FEMA 369）[54,55]和 ASCE 7-02[56]相比，NEHRP 2003（FEMA 450）[57,58]、ASCE7-05[59]、NEHRP 2009（FEMA P-750）[10]、ASCE7-10[11]给出的设计反应谱增加了更长周期范围的等位移反应谱段，即图 4-11 所示的周期 $T > T_L$ 的第二个下降段，以 T^{-2} 衰减。NEHRP 1997（FEMA 273）[52]中规定的 T_0 相当于其后各规范中的 T_S，除了没有更长周期范围的第二下降段，其设计反应谱形状与其后各版规范中是一样的。也就是说，从 1997 年起，NEHRP 和 ASCE 7 一直采用这种设计反应谱形状。

4.4 中美设计反应谱的对比

上面两节分别从设防地震动的确定、水平地面运动强度指标的选择和设计反应谱形状三个方面，对中、美两国的设计反应谱进行了梳理。不得不说，在随着对地震地面运动规律认识的深入同步推进设计反应谱的发展方面，美国确实走在了其他国家的前面。下面分别从设防地震的确定和水平地面运动强度指标两方面说明这一问题。这里没有就中、美两国设计反应谱形状进行对比，原因在于我国设计反应谱的形状由于考虑到工程结构安全和工程经验而对客观反应谱规律作出了人为调整，已不具有严格的客观性。设防地震动的确定和水平地面运动强度指标的选择，则是对地震动及其对结构造成影响的客观规律的认识，本书仅就中、美两国设计反应谱在这两方面客观认识的发展过程进行对比。

1990 年版的我国地震区划图以 50 年超越概率 10%的基本烈度作为编图指标，2001 年版的我国地震区划图则以 50 年超越概率 10%的基本地震作为编图指标。而 50 年超越概率 2%和 50 超越概率 10%的地震动峰值加速度的比值，在我国各地是不同的，优势分布在 1.6~2.3 之间，平均值为 1.9。即使按加速度分区（烈度）统计，在某一加速度区间，这一比值仍是一个较离散的分布。这意味着，以 50 年超越概率 10%的基本地震动作为一般工程结构的设防地震动，依据这样的地震动参数进行抗震设计的工程结构，遭遇 50 年超越概率 2%的罕遇地震作用时，各地工程结构面临的倒塌风险是不一致的：在 50 年超越概率 2%和 50 超越概率 10%的地震动峰值加速度的比值较小的地区，工程结构的倒塌风险将相对偏小；相反，在该比值偏大的地区，工程结构的倒塌风险将相对偏大。本书中的工程结构均指《建筑工程抗震设防分类标准》（GB 50223—2008）[121]中规定的标准设防类（简称丙类）工程结构。

《中国地震动参数区划图》（GB 18306—2015）[44,45]以抗倒塌为编图的基本原则，定义用作编图指标的基本地震动 $\alpha_{\max}^{基本}$ 为 50 年超越概率 10%地震动峰值加速度 $\alpha_{\max,\ 10\%/50Y}$ 与 50 年超越概率 2%地震动峰值加速度/1.9（即 $\alpha_{\max,\ 2\%/50Y}/1.9$）中的较大者。也就是说，设计地震作用的取值分两种情况：第一种情况，当 $\alpha_{\max,\ 10\%/50Y}$ 大于 $\alpha_{\max,\ 2\%/50Y}/1.9$ 时，取前者；第二种情况，当 $\alpha_{\max,\ 10\%/50Y}$ 小于 $\alpha_{\max,\ 2\%/50Y}/1.9$ 时，取后者。那么，按第一种情况进行设计地震作用取值的工程结构，与按 2001 年版的我国地震区划图[42]地震动参数进行抗震设防的工程结构一样，在 50 年超越概率 2%的地震动的作用下，各地工程结构面临的倒塌风险不一致。按第二种情况进行设计地震作用取值的工程结构，由于其设计地震作用取值跟 50 年超越概率 2%的地震动直接相关，在 50 年超越概率 2%的地震作用下，相对于第一种情况，这些结构的倒塌概率会较为趋向一致。正是由于这第二种情况的存在，与依据 2001 版地震区划图[43]的地震动参数进行抗震设防相比，在遭遇 50 年超越概率 2%的罕遇地震作用时，根据 GB 18306—2015 的地震动参数进行抗震设计的我国各地工程结构的倒塌风险之间的差异会相对缩小。但是，《GB 18306—2015〈中国地震动参数区划图〉宣贯教材》[45]指出，受第二种情况控制的地区很少。这意味着，在减少全国各地工程结构在 50 年超越概率 2%的地震作用下的倒塌风险差异性方面，GB 18306—2015[44]中基本地震动新定义的成效有限；GB 18306—2015[44]并未从根本上改变当前全国各地工程结构在 50 年超越概率 2%地震作用下的倒塌风险差异可能较大这一情况。

50 年超越概率 2%和 50 超越概率 10%的地震动峰值加速度的比值，在我国各地不同，优势分布在 1.6~2.3 之间，平均值为 1.9。于是，可将 1.6~2.3 划分为两个区间，即 1.6~1.9 和 1.9~2.3。其实，第一种情况（$\alpha_{max}^{基本}=\alpha_{max,\ 10\%/50Y}$）对应于 $\alpha_{max,\ 2\%/50Y}/\alpha_{max,\ 10\%/50Y}=1.6\sim1.9$ 的地区，第二种情况（$\alpha_{max}^{基本}=\alpha_{max,\ 2\%/50Y}/1.9$）则对应于 $\alpha_{max,\ 2\%/50Y}/\alpha_{max,\ 10\%/50Y}=1.9\sim2.3$ 的地区。对于第二种情况，$1.9\alpha_{max}^{基本}=\alpha_{max,\ 2\%/50Y}$；而对于第一种情况，则是 $(1.6\sim1.9)\alpha_{max}^{基本}=\alpha_{max,\ 2\%/50Y}$。如果第二种情况（$\alpha_{max}^{基本}=\alpha_{max,\ 2\%/50Y}/1.9$，即 $\alpha_{max,\ 2\%/50Y}=1.9\alpha_{max}^{基本}$）对应的抗倒塌设计参数的风险水平为 50 年超越概率 2%，则第一种情况（$\alpha_{max}^{基本}=\alpha_{max,\ 10\%/50Y}$，即 $\alpha_{max,\ 2\%/50Y}=(1.6\sim1.9)\alpha_{max}^{基本}$）对应的风险水平不低于 50 年超越概率 2%，在 50 年超越概率 2%的地震作用下，其倒塌概率可能小于按第二种情况进行设计地震作用取值的工程结构的倒塌概率。因此，《GB 18306—2015<中国地震动参数区划图>宣贯教材》[45]认为，《中国地震动参数区划图》（GB 18306—2015）从方法上保证了抗倒塌设计参数的风险水平不低于 50 年超越概率 2%。这意味着，在我国各地，有的地区该风险水平会高于 50 年超越概率 2%，而且这些地区之间高出的程度不一。也就是说，依据 GB 18306—2015[44]的地震动参数进行抗震设计的我国工程结构，设计用的地震风险不一，遭遇罕遇地震作用时，各地工程结构的倒塌风险不同，即抗倒塌能力不同。对于同样是标准设防类的工程结构，理想情况下，在各地的抗倒塌能力应大致相同。显然，GB 18306—2015[44]的这一处理方式尚有改进空间，与美国 NEHRP 2009（FEMA P-750）[10]、ASCE7-10[11]和 NEHRP 2015（FEMA P-1050）[15,16]已经大致从理论上实现全美各地工程结构具有统一的抗倒塌能力相比尚有一定差距。

我国编制《中国地震动参数区划图》（GB 18306—2001）[42]和《中国地震动参数区划图》（GB 18306—2015）[45]时采用的地震动参数衰减模型，是依据众多台站的水平方向记录确定的，且将同一台站的两个水平方向记录视为独立的两条记录。也就是说，这样的地震动参数衰减关系预测出的是任一水平分量的相应地面运动强度，且该强度与台站记录仪器水平放置方位有关，含有台站记录仪器水平放置方位任意性带来的该强度大小的不确定性，也不是在该次地震中工程结构某一主轴方向可能遭遇的最大地面运动强度。这与美国 NEHRP 2009[10]和地质调查局 USGS 出版的 2014 年地震区划图[117]采用最大方向反应谱值（即 BdM 谱值）作为水平地面运动强度指标的做法尚有较大差距。BdM 谱值，既消除了台站记录仪器水平放置方位不确定带来的该强度大小的不确定性，又是结构主轴方向可能遭受的最大水平地面运动强度，考虑了水平地面运动强度的方位特征。从 Campbell 和 Bozorgnia[9]的近场和远场记录综合研究结果来看，这种不确定性导致最大方向反应谱值和 GMRotI50 的比值在 1.11~1.2 之间；从 Huang 等人[7]仅针对近场记录的研究结果来看，这种不确定性导致最大方向反应谱值和 GMRotI50 的比值在 1.2~1.3 之间；从本书第 3 章研究结果可知，这种不确定性使得 BdM

谱值和单向水平加速度反应谱值之间的平均比值高达 1.2~1.4。可见，台站记录仪器水平放置方位不确定带来的水平地面运动强度大小的不确定性，对水平地面运动强度大小影响较大。在对结构进行抗震设防时，应考虑水平地面强度的方位特征。相比于采用任意单向水平加速度反应谱值或者几何平均谱值或者 GMRotI50 等水平地面运动强度指标，以 BdM 谱值作为设计地震作用取值依据，可以降低结构在强烈地震作用下的倒塌概率。

4.5　BdM 谱与我国规范设计反应谱的对比

我国规范[17]设计反应谱以 Und 谱特性为依据[51]，并考虑到中长周期段结构安全需要而进行了人为调整[49,50]。也就是说，除了人为调整部分外，我国 2001 规范[35]和 2010 规范[17]中设计反应谱每个周期的谱值代表的是任意单向水平加速度反应谱值，没有考虑水平地面运动强度的方位特征。下面展示我国规范[17]设计反应谱与考虑了水平地面运动强度方位特征的 BdM 谱的对比结果。

首先，仅从谱形状方面比较我国规范[17]设计反应谱和 BdM 谱，即比较两者的动力放大系数谱。将本书第 3 章的研究结果中各地面运动类型分档下获得的 BdM 动力放大系数平均谱（即 $\beta(BdM, \mu)$）和我国设计反应谱Ⅱ类场地的动力放大系数谱进行对比，情况如图 4-12 所示。从图 4-12 中可以看出，仅仅比较两者谱形，当前我国Ⅱ类场地设计反应谱的特征周期取值偏小，从而导致在反应谱的第一个衰减段，我国设计反应谱普遍处于偏低水准，而在第二个衰减段即中长周期段，虽然我国设计反应谱经过了人为调整，但是仍然低于很多地面运动类型的 BdM 动力放大系数谱 $\beta(BdM, \mu)$。

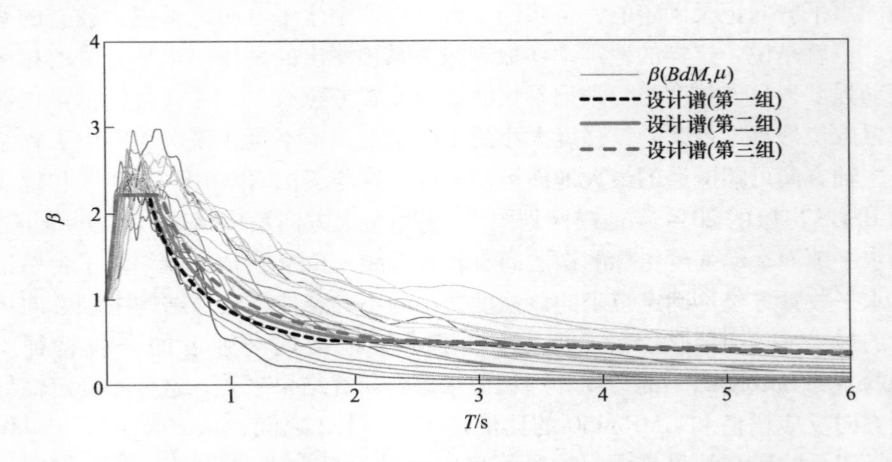

图 4-12　Ⅱ类场地规范动力放大系数谱和 BdM 动力放大系数谱的对比

我国规范[17]设计反应谱和 BdM 谱在谱形上之所以有如图 4-12 中如此大的差异，究其缘由，除了我国规范[17]设计反应谱的谱形是以 Und 谱形为依据并在中长周期段做了人为调整外，还有一个重要原因，即我国设计反应谱是将如图 4-12 中所有地面运动类型的平均谱进行了统计平均、平滑后得到的[49,51]。而其中的统计平均过程，相当于对图 4-12 中所有地面运动类型的 $\beta(BdM, \mu)$ 进行统计平均。这样处理之后，就抹杀了不同地面运动类型之间加速度反应谱形状之间的差异。这意味着，与我国规范设计反应谱相比，这种按不同类型地面运动给出的 $\beta(BdM, \mu)$，更多地体现了不同地面运动类型的加速度反应谱形状之间的差异。因而，我国设计反应谱和 BdM 谱的谱形差异如图 4-12 中这样明显。

其次，从谱值方面比较我国规范[17]设计反应谱和 BdM 谱。我国设计反应谱是以 Und 谱特性为基础的，而由本书第 3 章的研究结果可知，BdM 谱和 Und 谱除了形状上有差异外，在谱值大小方面也是有差异的。考虑 BdM 和 Und 谱值差异后，如何将我国Ⅱ类场地设计反应谱与各地面运动类型 BdM 谱进行对比呢？目前，我国规范[17]是按单向水平地面运动有效峰值加速度 a_E 来划分设防烈度分区的。根据陈厚群等人[122]的研究结果，从统计平均来看，单向水平地面运动记录的 PGA 和有效峰值加速度 a_E 相差不大;《〈中国地震动参数区划图〉GB 18306—2001 宣贯教材》[42]认为，在统计意义上，单向水平地面运动加速度有效峰值 a_E 与加速度峰值 PGA 近似相等；这里粗略地看作两者相等。因此，也可以近似地说，我国规范[17]是按单向水平地面运动峰值加速度 PGA 来划分设防烈度分区的。而地面运动双向最大加速度峰值 PGA_{BdM} 与原始记录单向 PGA 之间存在差异，其比值在 1.2 左右。将本书第 3 章中每个震级和距离分档下的 BdM 动力放大系数谱的平均谱（即 $\beta(BdM, \mu)$）乘以 PGA_{BdM} 与 PGA 比值（即表 3-3~表 3-5 中 $T=0$s 时 BdM 谱与 Und 谱的平均谱值的比值）后的反应谱称为 BdM 相对动力放大系数谱（表示为"相对 $\beta(BdM, \mu)$"），那么相对 $\beta(BdM, \mu)$ 就相当于按 PGA_{BdM} 重新划分烈度分区后的动力放大系数谱，而且体现了 BdM 谱的形状特征。将相对 $\beta(BdM, \mu)$ 与我国规范[17]设计反应谱的动力放大系数谱进行对比，可以考察当前没有考虑水平地面运动强度方位特征的我国规范[17]设计反应谱，与采用考虑水平地面运动强度方位特征的 BdM 概念建立的设计反应谱之间的差距，如图 4-13 所示。从图 4-13 中可以看出，上述图 4-12 中的情况在这里同样存在且更加突出，中长周期段，相对 $\beta(BdM, \mu)$ 高于规范动力放大系数谱的震级和距离组合有：震级为 5~7 级时，距离为 180~250km；震级为 7~8 级时，距离为 30~250km。

目前，结构设计都是沿主轴完成的，如果用一定地震风险水准的 BdM 谱值作为工程结构设计地震作用取值依据，则意味着工程结构的主轴方向恰好对应于

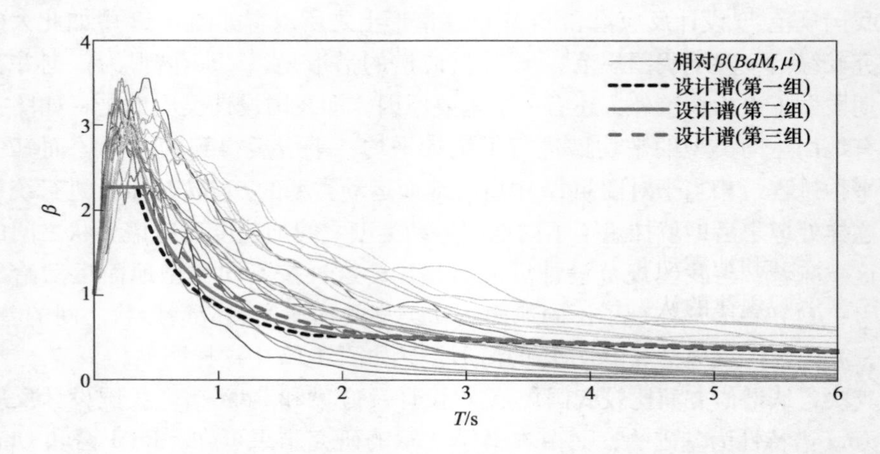

图 4-13　Ⅱ类场地规范动力放大系数谱和 BdM 相对动力放大系数谱的对比

BdM 谱值方向。虽然这个最不利情况出现的概率并不大，但从工程抗震设防的安全性需要来说是合理的，因为抗震设防需要知道结构在一定地震风险水平（如 50 年超越概率 2%）下可能遭遇的最大风险。当前我国规范设计反应谱与各地面运动类型 BdM 谱的相对关系不一（见图 4-13），如果以 BdM 谱值作为工程结构设计地震作用取值的标准，则意味着以当前我国规范设计反应谱作为设计地震作用取值依据设计的Ⅱ类场地上的工程结构，其设计地震作用取值水准高低不一，从而导致其抗震安全性不同。

另一方面，在预测结构地震反应的动力反应时程分析中，希望考察在一定地震风险水准下结构在某主轴方向可能出现的最不利地震反应时，应以 BdM 谱为目标谱选择地面运动记录。如果以我国当前设计反应谱为目标谱选择地面运动记录，从图 4-13 中可以看出，对于Ⅱ类场地上那些地震风险由相对 $\beta(BdM,\ \mu)$ 高于规范设计反应谱动力放大系数谱的地面运动类型控制的工程结构来说，会低估其可能遭遇的最不利地震强度，由此获得这类结构的地震反应并不是最不利反应；而对于Ⅱ类场地上那些地震风险由相对 $\beta(BdM,\ \mu)$ 低于规范动力放大系数谱的地面运动类型控制的工程结构来说，则会高估其最不利地震反应。因此，以我国设计反应谱为目标谱选择地面运动记录预测Ⅱ类场地上结构地震反应，对于不同的结构，预测出的地震反应危险性水准不一，再用统一的性能评价标准去评价其抗震性能，可能导致这些结构的实际抗震性能之间存在较大的差异。

因此，无论是设计反应谱作为结构设计地震作用取值依据，还是作为预测结构地震反应时选择和标定地面运动记录的目标谱，为了使我国各地结构的抗震安全性一致，应采用 BdM 谱概念建立设计反应谱。

4.6 对规范设计反应谱今后发展方向的建议

从上述中、美设计反应谱的对比以及 BdM 谱与我国规范设计反应谱的对比结果中可以看出，我国设计反应谱没有体现当前对地震动及其对结构影响的最新认识。人类对事物的认识都是在逐步修正并逐步发展的，地震学者和地震工程学者对于地震动和地震动对结构影响规律的认识亦如此。结构抗震设计理论，应随着对这些客观规律的认识的深入而逐步发展。因此，针对我国设计反应谱尚存在的发展空间，本书对其给出如下建议。

（1）关于设防地震动的确定。在编制地震动参数区划图时，继续以抗倒塌为编图的基本原则，并且以使得经过抗震设计的全国各地所有结构在强烈地震风险下具有统一的抗倒塌安全裕量为发展方向。这里的强烈地震可以定义为 50 年超越概率 2%的罕遇地震。在达到这个目标前，首先可以选统一全国各地标准设防类工程结构抗倒塌的地震风险，建议取 50 年超越概率 2%的罕遇地震为抗倒塌的风险水平，而将 50 年超越概率 2%的地震动/1.9 作为基本地震动。50 年超越概率 2%和 50 年超越概率 10%的地震动峰值加速度的比值，在我国各地的优势分布在 1.6~2.3 之间，平均值为 1.9。如果将 50 年超越概率 2%的地震动/1.9 作为基本地震动，既可以使得现行抗震设计规范基本不做修改，又可以将我国各地标准设防类工程结构的抗震设计用抗倒塌地震风险统一为 50 年超越概率 2%。然后，在此基本地震动定义下，考察全国各地工程结构在 50 年超越概率 2%的罕遇地震作用下的倒塌风险，据此对各地采用不同的风险系数，从而将各地工程结构在罕遇地震作用下的倒塌风险调整一致。这里，首先需要经过多方权衡后设定一个统一的可以接受的罕遇地震作用下倒塌风险水准。《建筑结构抗倒塌设计规范》（CECS392：2014）[123] 规定，在罕遇地震作用下标准设防类工程结构可接受的最大倒塌概率为 5%。美国 NEHRP 2009（FEMA P-750）[10] 和 ASCE7-10[11]、NEHRP 2015（FEMA P-1050）[15,16] 旨在实现的是目标风险最大考虑地震 MCE_R 作用下工程结构倒塌概率 10%，或者说工程结构在 50 年内倒塌概率为 1%。我国《建筑抗震设计规范》尚需权衡出一个统一的罕遇地震作用下倒塌风险水准。

（2）水平地面运动强度指标的选择。编制我国地震动参数区划图时，建议地震动参数衰减模型中的水平地面运动强度指标采用 BdM 谱值，以考虑水平地面运动强度的方位特征。但是，在地震动参数区划图中给出哪几个地震动参数值得讨论。在《中国地震动参数区划图》（GB 18306—2001）[42] 和《中国地震动参数区划图》（GB 18306—2015）[45] 中，给出的地震动参数是有效峰值加速度 a_E 和特征周期 T_g。在设计反应谱中，这两个地震动参数表现为图 4-4 中小圆圈的坐标，在图 4-12 中则对应于设计反应谱平台结束点的坐标。全国各地的工程结构在其所处的地震环境下，对其罕遇地震起控制作用的地面运动类型是多种不同类型地面运动，这些不同类型地面运动的 BdM 动力放大系数谱 $\beta(BdM,\ \mu)$ 如图 4-14 中的细线。如果采用 BdM 为水平地面运动强度指标后，新的地震动参数区划图仍然沿用原来的做法，即给出 BdM 概念下的有效峰值加速度 $\alpha_{\mathrm{BdM,E}}$ 和特征周期 $T_{\mathrm{BdM,g}}$，则由这两个参数可以确定 BdM 概念建立的设计反应谱（简称 BdM 设计谱）上的平台结束点的坐标，如图 4-14a 中的小圆圈。从图 4-14a 中可以看出，不同类型地面运动的 $\beta(BdM,\ \mu)$ 离散性较明显。如果该小圆圈的坐标由地震动参数区划图直接给出，则这些坐标就自动体现了对应于该点处的 $\beta(BdM,\ \mu)$ 的离散性。不过，从图 4-14a 中还可以看出，在平台结束点到周期 2s 之间，各地面运动类型的 $\beta(BdM,\ \mu)$ 衰减的情况不完全一样，在这一周期范围内 $\beta(BdM,\ \mu)$ 的离散情况明显较平台处更显著。如果采用图 4-14a 的方案，即地震动参数区划

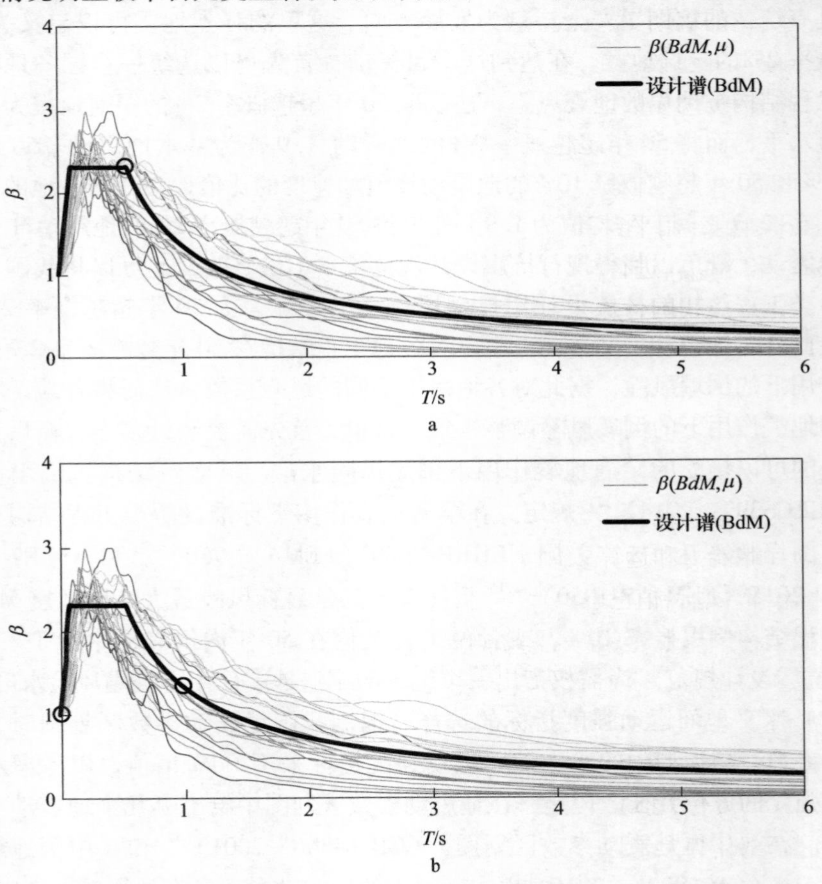

图 4-14　由地震动参数区划图给出 BdM 设计谱上参数的选择方案

a— 一点方案；b— 两点方案

图只给定平台结束点的坐标，则这样确定出的 BdM 设计反应谱不能体现不同类型地面运动的 $\beta(BdM,\ \mu)$ 在平台结束点到周期 2s 之间的离散性。因此，本书希望由地震动参数区划图给出这个周期范围的某周期处的坐标，如 $T=1.0\text{s}$ 处，如图 4-14b 所示。如果在地震动参数区划图中给出 BdM 设计反应谱上两个点的坐标，即周期 $T=0\text{s}$ 和平台结束点到 2s 之间的某个周期处的坐标，如图 4-14b 的小圆圈处，则由第一个点的坐标通过公式可以获得平台段水平位置，再由第二个点的坐标及其衰减函数，可由该段曲线与平台的交点算得特征周期。这样的话，BdM 设计反应谱的形状更多地由地震动参数区划图确定，更能体现各地在不同地震环境影响下的反应谱形状的不同。因此，本书建议地震动区划图给出图 4-14b 中小圆圈处两点的坐标。由于这一方案的特征周期 T_g 是经两个点的坐标和衰减函数算得的，因此在抗震设计规范中也不需要再像传统做法那样对设计地震进行分组以便确定特征周期 T_g。

如果按本书建议，地震动区划图给出图 4-14b 中小圆圈处两点的坐标，那么，在编制地震动参数区划图时，与传统做法应有所不同。在采用映射法形成参考区地震动参数衰减关系时，对所选取参考区基岩场地的水平地面运动记录计算阻尼比 5% 的 BdM 绝对加速度反应谱，确定其 $T=1.0\text{s}$ 处的加速度反应谱值 $Sa_{\text{BdM},1}$ 和平台值；用平台值分别除以 2.5，得到 BdM 有效峰值加速度 $\alpha_{\text{BdM,E}}$。对这些 $\alpha_{\text{BdM,E}}$ 和 $Sa_{\text{BdM},1}$ 进行统计分析，得出参考区 $\alpha_{\text{BdM,E}}$ 和 $Sa_{\text{BdM},1}$ 的衰减关系；再通过映射法，形成我国各地区 $\alpha_{\text{BdM,E}}$ 和 $Sa_{\text{BdM},1}$ 的衰减关系。将我国及邻区按 0.1°×0.1°经纬度间隔划分为网格，共 10 万多个网格格点，作为计算场点。对各格点进行概率地震危险性分析，得出各格点基岩基本地震动（设防地震动）下的 $\alpha_{\text{BdM,E}}$ 和 $Sa_{\text{BdM},1}$ 的值，并转换成Ⅱ类场地相应的 $\alpha_{\text{BdM,E}}$ 和 $Sa_{\text{BdM},1}$ 值，从而形成了编制区划图的基础数据。本书建议在中国国家地震局官网上给出全部 10 万多个网格格点处的Ⅱ类场地 $\alpha_{\text{BdM,E}}$ 和 $Sa_{\text{BdM},1}$ 值，而不再像以前那样分档给出。因为目前计算机的存储能力和运算能力早已今非昔比，既然 10 万多个网格格点处的Ⅱ类场地 $\alpha_{\text{BdM,E}}$ 和 $Sa_{\text{BdM},1}$ 值已均由国家地震局计算出，完全可以充分利用其计算结果，将这些值全部公布在专门网站上，各地的地震动参数直接在这一网站上根据该地的经纬度坐标查询，以充分尊重全国各地由于所处地震环境的不同而带来的设计反应谱形状的不同。这一地震动参数区划图的形成过程示意如图 4-15 所示。

《中国地震动参数区划图》（GB 18306—2001）[42] 和《中国地震动参数区划图》（GB 18306—2015）[45] 采用映射法[106] 建立我国分区地震动参数衰减关系，即将美国西部作为参考区，以我国各地区烈度衰减关系与参考区烈度衰减关系的对比关系为转换手段，从而由参考区的地震动参数衰减关系转换得出我国各地区地震动参数衰减关系。映射法有一个重要假定，即在震级或震中烈度相同的条件下，具有相同烈度的场地，其地震动参数相同。《中国地震动参数区划图》（GB

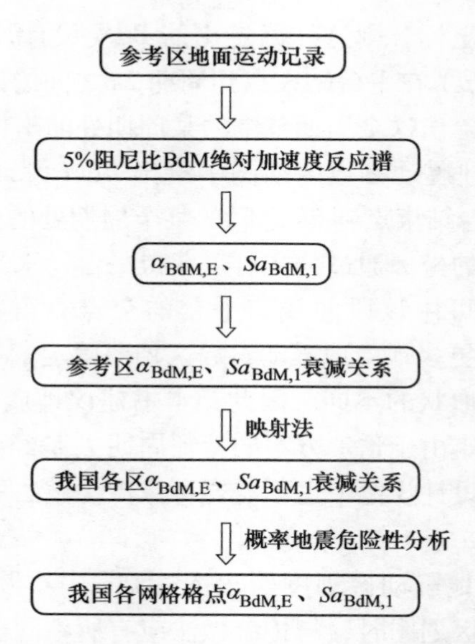

图 4-15　地震动参数区划图确定 BdM 地震动参数过程的示意图

18306—2001）[42]和《中国地震动参数区划图》（GB 18306—2015）[45]采用的震级为面波震级 M_s，根据《地震震级的规定》（GB 17740—1999）[124]中的定义，M_s与地震面波最大地动位移（即两个水平方向地动位移的矢量和）直接相关。由此可见，M_s不随测量仪器的水平放置方位而变，即已考虑水平地面运动强度的方位特征。另外，地震烈度是某一地区的地面所遭受的地震动影响的强烈程度，而且是通过人的感觉、人工结构物的损坏、物体反应、自然现象等四大方面的宏观等级描述来确定的，其中自然已考虑了水平地面运动强度的方位特征。这意味着，在映射法的这个重要假定中，其前半部分的条件中已考虑了水平地面运动强度的方位特征，那么，在其后半部分的结论中也应考虑水平地面运动强度的方位特征。根据本书第 4.2.2 节的分析结果，《中国地震动参数区划图》（GB 18306—2001）[42]和《中国地震动参数区划图》（GB 18306—2015）[45]的地震动参数有效峰值加速度 a_E 是任意单向的有效峰值加速度，并未体现水平地面运动强度的方位特征。因此，《中国地震动参数区划图》（GB 18306—2001）[42]和《中国地震动参数区划图》（GB 18306—2015）[45]在使用映射法时，并未在映射法的应用全过程中考虑水平地面运动强度的方位特征。显然，其中存在着前后不协调。但是，若按本书的建议，在制定地震动参数区划图时改用 BdM 谱值为水平地面运动强度指标后，由于 BdM 谱值考虑水平地面运动强度的方位特征，则在映射法重要假定的结论中也考虑了水平地面运动强度的方位特征。结合映射法重要假定中前半部分的条件的震级和烈度中已考虑水平地面运动强度的方位特征这一情况，则按本书的建议，在制定地震动参数区划图时采用 BdM 谱值为水平地面运动强度指标后，即已在映射法的全过程中考虑了该方位特征。

有了地震动参数区划图给出全国各地基本地震动最大方向有效峰值加速度 $\alpha_{BdM,E}$ 和 $T=1.0s$ 处 $Sa_{BdM,1}$ 之后，尚需给出反应谱形状，才能完成设计反应谱的确定。由于 $\alpha_{BdM,E}$ 和 $Sa_{BdM,1}$ 都是 BdM 谱概念得出的，设计反应谱形状亦应体现 BdM 谱的谱形状特征。由本书第 3 章的研究结果可知，BdM 谱的谱形状与我国规范此前采用的具有单向加速度反应谱形状特征的反应谱形状有差异，且随着周期的增大，两者差异也在增大。如果忽视这个差异，可能影响到周期较长的结构的抗震安全性。因此，建议我国设计反应谱形状，如果仍由现在的直接统计法得出，可参考本书第 3 章方法统计得出 BdM 谱形状，作为我国设计反应谱形状的基础，并考虑是否需根据经济实力和工程经验作出人为调整，再结合地震动参数区划图提供的地震动参数给出设计反应谱形状的数学表达式。

4.7 以 BdM 谱作为设计反应谱的问题

到目前为止，各国对一个结构进行抗震设计时，均是按每个主轴方向分别进行设计。对于广泛适用的振型分解反应谱法而言，每个主轴方向的设计地震作用由该主轴方向不同振型下的设计地震作用组合而来，而该主轴方向各振型的设计地震作用均与设计反应谱上相应的谱值直接相关。也就是说，对于振型分解反应谱法而言，每个主轴方向的水平地震作用取值均依据结构动力特性和设计反应谱确定。

如果以 BdM 谱作为结构设计时水平地震作用取值依据的设计反应谱，采用振型分解反应谱法时，对一个主轴方向的各振型均由相应周期的 BdM 谱值确定设计地震作用，这意味着地面运动在所有这些参与振型组合的周期处同时取得 BdM 谱值。但是，对于实际地面运动记录的 BdM 谱而言，其在每个周期处取得 BdM 谱值的方向是不同的（图 4-8）。也就是说，如果一组地面运动记录在一定方向下、在一个周期处取得 BdM 谱值，那么在该方向下其他周期处也取得 BdM 谱值的可能性极小。那么，以 BdM 谱为设计反应谱，作为设计地震作用的取值依据的话，当采用振型分解反应谱法时，会导致结构的设计地震作用取值在一定程度上偏高。

结构在某一主轴方向的地震反应，由该方向的低阶振型起主导作用，特别是其中的基本振型。为保证结构的抗震安全性，设计时可假设在一个主轴方向的基本振型对应的周期处取得 BdM 谱值。那么，以 BdM 谱作为设计反应谱，导致结构设计地震作用取值偏高的程度，就取决于两个因素：（1）地面运动在该主轴方向基本周期处取得 BdM 谱值的方向下，该主轴方向除基本振型以外的其他参与组合的振型周期处取得反应谱值，与设计反应谱上的 BdM 谱值的差异；（2）

该主轴方向除基本振型以外的其他参与组合的振型的参与程度。

以 BdM 谱作为设计反应谱，导致结构设计地震作用取值偏高的根本原因，在于上述的第一个因素。在地面运动在一个主轴方向最重要的周期处取得 BdM 谱值的前提条件下，地面运动在该主轴方向其他振型周期处可能取得一定范围内的各种谱值。如果以其中的概率平均值作为这些其他振型周期的设计谱值，则可以消除以 BdM 谱作为设计反应谱时，设计地震作用取值的偏高。需要说明的是，该概率平均值不是 RotD50，而是一种条件谱值，该条件即为地面运动的方向已经确定为在某周期处取得 BdM 谱值。

Shahi 和 Baker[104,118]提出了建立上述条件谱的方法，如公式（4-17）所示。其中，α^*、α' 分别为地面运动在特定周期 T^*、T' 处取得 BdM 谱值的方向；$\hat{S}a_{\mathrm{RotD50}}$ 为地面运动衰减关系预测出的一定地面运动参数（震级、距离、场地条件等）下的周期 T' 处 RotD50 值；$Sa_{\alpha^*-\alpha'}/Sa_{\mathrm{RotD50}}$ 为地面运动在不同 $|\alpha'-\alpha^*|$ 时周期 T' 处的反应谱值与 RotD50 的比值；$P(|\alpha'-\alpha^*|)$ 是与 T^* 和 T' 有关的截断指数分布模型。作为示例，图 4-16 给出了 $T^*=0.2\mathrm{s}$ 和 $T^*=1.0\mathrm{s}$ 时条件均值谱和 RotD50 以及 RotD100（即 BdM）谱的关系。该示例对应于震级 7.0、断层距离 $R_{\mathrm{rup}}=2.5\mathrm{km}$、30m 覆盖土层剪切波速 $v_{\mathrm{s30}}=760\mathrm{m/s}$ 的地震事件，采用 RotD50 的衰减关系为 Boore 和 Atkinson 模型[125]。

$$
\begin{aligned}
E[SaT' \mid \alpha^*] &= \int_0^{90} E[SaT' \mid \alpha', \alpha^*] P(\alpha' \mid \alpha^*)\,\mathrm{d}\alpha' \\
&= \int_0^{90} E[SaT'_{\,|\alpha^*-\alpha'|} \mid \alpha', \alpha^*] P(|\alpha'-\alpha^*|)\,\mathrm{d}\alpha' \\
&= \int_0^{90} \frac{Sa_{\alpha^*-\alpha'}}{Sa_{\mathrm{RotD50}}} \hat{S}a_{\mathrm{RotD50}} P(|\alpha'-\alpha^*|)\,\mathrm{d}\alpha' \qquad (4\text{-}17)
\end{aligned}
$$

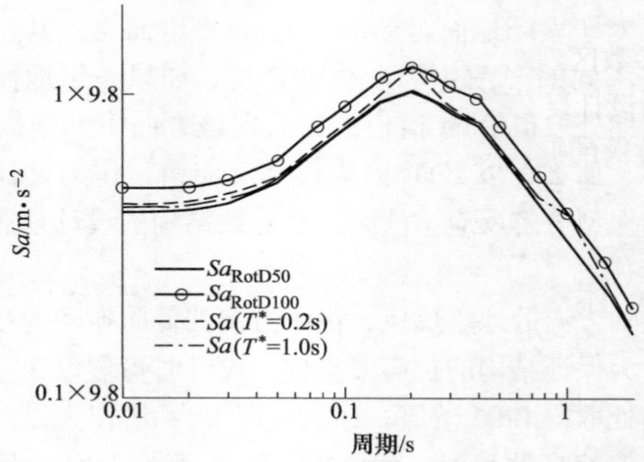

图 4-16　$T^*=0.2\mathrm{s}$ 和 $T^*=1.0\mathrm{s}$ 时条件均值谱和 RotD50 及 RotD100 反应谱的相对关系[118]

对于每一个处于特定地震环境的结构，其每个重要周期下的这种条件均值谱是不同的。如果采用这种条件反应谱作为设计反应谱，在进行抗震设计时相对较麻烦；而且绝大多数结构均以第一振型的反应为主，在进行抗震设计时其他振型的设计反应谱谱值即使不作调整，虽可能在一定程度上偏于保守，但尚不致过分保守。这有待于系统的工程算例分析给出具体的数据加以证明。如果社会经济能力尚可以承受这种保守程度，也可以直接采用 BdM 谱作为设计反应谱。美国 NEHRP 2009(FEMA P-750)[10] 和 ASCE7-10[11]、NEHRP 2015(FEMA P-1050)[15,16] 设计反应谱上段周期谱值 S_s 和 1.0s 周期谱值 S_1 即为 BdM 谱值。也就是说，这三者均以 BdM 谱值作为结构设计地震作用取值依据，意味着他们接受了以 BdM 谱作为设计地震作用取值依据时的一定保守程度。

4.8 本 章 小 结

设计反应谱作为抗震设计时结构的设计地震作用取值依据，其每个周期谱值的意义和大小，对于结构的抗震安全性至关重要。为此，本章梳理了我国和美国设计反应谱中有关设防地震动、设计反应谱的形状和水平地面运动强度指标的发展历程，发现相对于目前对地震动及其对结构的影响规律的最新认识而言，我国不论从理论概念上还是设计做法上都还有一定的空间需要开拓。

为此，本章从希望我国各地结构经过抗震设计后具有统一的抗震安全性的角度，对我国设计反应谱今后的发展方向给出了如下建议：

（1）采用 50 年超越概率 2%的罕遇地震动作为抗倒塌的风险水平，取其值的 1/1.9 作为基本地震动。

（2）通过研究获得各地的风险系数，使得各地工程结构根据该风险系数和上述基本地震动进行抗震设防后，在罕遇地震作用下的倒塌风险趋于一致。

（3）地震动参数区划图中采用 BdM 谱值作为水平地面运动强度指标，并对全国各地直接给出设计反应谱上至少两点的坐标。

（4）设计反应谱的形状体现 BdM 谱的形状特征。

这样一来，就在我国设计反应谱中考虑了水平地面运动强度的方位特征，而且在方法上使得全国各地工程结构经过抗震设计后在罕遇地震作用下具有统一的抗倒塌能力。另外，本章还给出了以 BdM 谱作为设计反应谱时可能存在的问题。

5 基于 BdM 谱的两种双向水平地面运动记录选择和标定方法

5.1 引　　言

在结构抗震设计理论中的动力反应时程分析法和性能化设计法中，需要选择和标定地面运动记录，输入给结构模型进行动力反应时程分析，从而获知结构的地震反应。在这两种抗震设计方法中，选择和标定地面运动记录的目标谱通常采用设计反应谱[15,17~20]。如果要在这两种抗震设计方法中考虑水平地面运动强度的方位特征，需要对地面运动记录的选择和标定方法进行详细考察，以便不致在其中遗漏对水平地面运动强度方位特征的考虑。

由动力反应时程分析预测出的结构地震反应，与输入的地面运动记录密切相关[22~25]。同一个结构非线性分析模型，在不同的地面运动记录输入下，其地震反应结果之间差距较大[23]，这无疑给结构抗震性能的评价带来极大的困难。因此，当根据动力反应分析预测的结构地震反应来评价结构抗震性能时，动力反应分析中输入给结构模型的地面运动记录至关重要。为此，有必要对地面运动记录的选择和标定方法进行系统的研究。

本章在汇总并整理现有地面运动记录的选择和标定方法的基础上，经过分析评价给出选择和标定地面运动记录时需遵循的基本原则，并指出我国规范在这方面的规定中有待改进之处；最后在 BdM 谱的基础上，在满足总结出的选择和标定地面运动记录时应遵循的基本原则的前提下，考虑水平地面运动强度的方位特征，提出基于 BdM 谱的双向水平地面运动记录选择和标定方法，以便在预测一定地震风险下结构的地震反应的动力反应时程分析中采用。

5.2　单向水平地面运动记录选择方法研究现状

目前关于地面运动记录选择方法的研究多是针对单向水平地面运动记录输入的情况，即只选择地面运动记录加速度时程的一个水平分量输入结构的一个主轴方向。

王亚勇等人[23]认为，用于时程分析的地面运动记录在统计意义上必须与规范设计反应谱相吻合，建议选择四条地面运动记录，计算结果取四条地面运动记录输入后结构地震反应的平均值。从安全角度出发，尚可再增加一条拟合目标谱得来的人工模拟记录。

王亚勇等人[24]提出一种基于规范设计反应谱特征周期的地面运动记录选择方法，即依照建筑所在场地的结构自振周期、烈度、近震或远震、场地类别等参数选择四条地面运动记录作为时程分析法的输入，其中三条为实际地面运动加速度记录，一条为拟合规范目标反应谱的人工合成地面运动加速度时程，计算结果取四条地面运动记录输入后结构地震反应的平均值。

杨溥等人[65]认识到，在要求所选择的地面运动记录的反应谱与规范设计反应谱在统计意义上一致的前提下，如果要求在各个周期点上均有较高程度的拟合，将给地面运动记录的选择工作带来极大的困难。于是，以结构底部剪力、顶点位移和最大层间位移角为主要反应量，对比分析几种地面运动记录选择方法后，提出按控制反应谱两频率段（基于规范设计反应谱的平台段和结构基本自振周期段）的方法来选择地面运动记录，通常称该方法为双频段法。

肖明葵等人[126]认为，地面运动持时是影响时程分析中结构地震反应的重要因素，但该因素在杨溥等人[65]方法中尚未得到体现，因而建议选择地面运动记录时以地面运动弹性总输入能反应作为补充指标，以便考虑地面运动强震持时。

胡文源等人[66]认为，地面运动记录的选择原则是使得所选地面运动记录的特性和建筑场地的条件在主要参数上相符，即地震烈度、地震强度参数、场地土的类别、卓越周期和反应谱等，并特别要求所选地面运动记录的主要周期与建筑工程场地的卓越周期接近。此外，还应满足规范要求的地震动活动三要素，即频谱、幅值和持时，并且所选地面运动记录的平均地震影响系数曲线与规范所采用的地震影响系数曲线在统计意义上相符。

高学奎[67]提出了近场地面运动记录的选择方法，即双参数控制法。该方法建议控制所选地面运动记录的加速度反应谱在 $0.1\mathrm{s}\sim T_g$ 平台段的均值与设计反应谱相差不超过一定范围。另外，为了充分考虑近场地震所独有的特征，建议对参数 PGV/PGA 比值（即速度峰值和加速度峰值的比值）进行控制。

王国新等人[74~76]认为，选择地面运动记录应满以下四项原则：（1）所选地面运动记录的场地类别与结构所处的场地类别相同；（2）所选地面运动记录与给定的设防目标值在统计意义上相符；（3）所选地面运动记录能反映对结构所处场地地面运动参数危险水平贡献较大的潜在震源区的影响；（4）所选地面运动记录能体现结构的主要振动特性，即其卓越周期与结构的振动周期接近。

谢礼立、翟长海等人[62~64]提出最不利地震动方法。最不利地震动指在一定的地震环境和场地条件下，使结构反应处于最不利状况的地震动，即处在最高危险状态下的地震动。在比较大量地面运动记录潜在破坏势的基础上，将所有潜在破坏势排名在最前面的地面运动记录汇集在一起，组成最不利地震动的备选数据库；然后对备选数据库里的记录进一步做第二次排队比较，具体做法是，将结构按其自振周期分为三个频段：短周期频段（0~0.5s）、中周期频段（0.5~1.5s）和长周期频段（1.5~5.5s），并规定将地震动按其场地条件分为四类（Ⅰ、Ⅱ、Ⅲ、Ⅳ类）；然后，对应不同周期频段、不同场地类别，分别计算在不同地震动作用下结构所需要的屈服强度系数及滞回耗能的数值，并根据参数值的大小排队，最后给出各个场地类别和各周期频段内结构的最不利地震动。

曲哲等人[127]按不同的分析目的，将现有地面运动记录选择方法分为三种，并为之建立相应的地面运动记录选择集，比较选择集的地面运动峰值和反应谱特性。对两个不同初始周期框架结构进行非线性动力反应分析，并对不同地面运动记录选择方法的地震反应分析结果进行比较。比较结果表明，当结构在地震作用下刚度退化较明显时，基于最不利地震动和基于设计反应谱的地面运动记录选择方法有可能难以达到预期的目标；当地面运动强度指标恰当，且选取的地面运动记录数量较多时，基于台站和地震信息的选取方法不会对结构的地震反应造成过大的离散性，同时该方法不依赖于结构的动力特性，操作简便，适用性强，适用于研究不同结构类型和不同动力特性建筑结构的抗震性能。

Stewart 等人[128,129]认为，所选择的地面运动记录应体现所考察地震风险水准起控制作用的地面运动类型特征，如震级、距离、场地条件等；且其中首要满足的条件应该是震级，因为震级强烈影响了地面运动记录的频谱含量和持时，所选地面运动记录的震级和起控制作用的目标震级的误差允许在±0.25个震级之内，而其场地类别应与起控制作用的目标场地类别相近。所选择地面运动记录的距离应与目标距离相符，特别是近场情况下。因为近场地面运动记录的特性不同于其他地面运动记录，选择近场情况下的地面运动记录时，需要考虑破裂方向性效应（Rupture-Directivity Effect）和（或者）滑冲效应（Fling-Step Effect）。

Bommer 等人[130]也认为，所选择的地面运动记录应体现所考察地震风险水准起控制作用的地面运动类型特征，如震级、距离、场地条件等，并允许所选地面运动记录的震级和起控制作用的目标震级之间的误差在±0.20个震级之内，而且必要的时候可以放大地面运动记录的距离和起控制作用的目标距离之间的误差。

Baker 和 Cornell[68~71]、Baker[72]提出以条件均值谱（Conditional Mean Spectrum）为目标谱选择地面运动记录。条件均值谱是指结构在所处地震环境下，对其所考察地震风险（如50年超越概率2%）起控制作用的地面运动类型的地面运动平均反应谱形状的一种预测。这里，用震级、距离和 ε 值这三个主要参数来代表该类地面运动记录特征。因此，Baker 和 Cornell[68~71]、Baker[72]认为条件均值谱是对一次地震事件（震级、距离、ε）的平均加速度反应谱的一种预测。

美国太平洋地震研究中心（PEER）的地面运动选择和调整计划（Ground

Motion Selection and Modification，简称 GMSM），从其所了解的 40 种地面运动选择和调整方法中选出了 14 种（加上衍生方法的话，是 17 种），以期从中选择出能准确预测结构最大层间位移角的平均值的方法[131]。该计划的研究结果表明，以条件均值谱为目标谱的 Baker 和 Cornell[68~71]方法可以较为准确地预测结构最大层间位移角的平均值。同时指出，要准确预测结构反应量，首先要根据对该结构反应量有重要影响的地面运动的特性选择地面运动，其次要为这些对该结构反应量有重要影响的特性确定合适的目标值。

Haselton 等人[73]认为选择地面运动记录时，最重要的是所选地面运动记录一定周期范围内（如 ASCE 7-10[11]中的 $0.2T$~$1.5T$）谱的形状与目标谱相似，其次是所选地面运动记录的震级、距离、场地条件和 ε 值与对地震风险起控制作用的震级、距离、场地条件和 ε 值一致。另外，对于近场情况，还要考虑可能存在的速度脉冲。

NEHRP 2000（FEMA 368、FEMA 369）[54,55]、NEHRP 2003（FEMA 450）[57,58]、ASCE 7-02[56]、ASCE 7-05[59]、ASCE 7-10[11]规定，在二维非线性分析中，选择单向水平地面运动记录输入时，应满足以下要求：（1）识别出对最大考虑地震 MCE 起控制作用的地面运动类型（震级、距离和震源机制），然后从实际地震事件中选择出符合该类型的地面运动记录，如果不能选够数量，可以采用模拟地面运动记录（Simulated Ground Motion Records）来补足。（2）以设计反应谱为目标谱，对每条地面运动记录的 5%阻尼比加速度反应谱进行标定。（3）所选记录的平均反应谱在 $0.2T$~$1.5T$ 周期范围内的谱值不小于设计反应谱的谱值，其中 T 为结构所分析方向的基本自振周期。（4）选定的地面运动组数不少于 7 组时，以所有地面运动输入下结构反应均值作为结构的地震反应，否则以最大值作为结构的地震反应。

NEHRP 2009（FEMA P-750）[10]和 NEHRP 2015（FEMA P-1050）[15,16]在这方面的规定基本上与 NEHRP 2000（FEMA 368、FEMA 369）[54,55]、NEHRP 2003（FEMA 450）[57,58]、ASCE 7-02[56]、ASCE 7-05[59]、ASCE 7-10[11]相同，除了一个要求外，即所选地面运动记录的地面运动类型应与对目标风险最大考虑地震 MCE_R（Risk-targeted Maximum Considered Earthquake）起控制作用的地面运动类型相符。

我国《建筑抗震设计规范》（GB 50011—2010）[17]规定，特别不规则的建筑、甲类和表 5.1.2-1 所列高度范围内的高层建筑，应采用时程分析法进行多遇地震作用下的补充计算；当取 3 组加速度时程曲线时，计算结果宜取时程法的包络值和振型分解反应谱法的较大值；当取 7 组及其以上的时程曲线时，计算结果可取时程法的平均值和振型分解反应谱法的较大值。正确选择输入的地震加速度时程曲线，要满足地震动三要素的要求，即频谱特性、有效峰值和持续时间均要符合规定。频谱特性可由地震影响系数曲线表征，依据所处的场地类别和设计地震分组确定。加速度的有效峰值按规范表5.1.2-2中所列地震加速度最大值采用，即以地震影响系数最大值除以放大系数（约2.25）得到。计算输入的加速度曲线的峰值，必要时可比上述峰值适当加大。输入的地震加速度时程曲线的有效持续时间，一般从首次达到该时程曲线最大峰值的10%那一点算起，到最后一点达到最大峰值的10%位置；不论是实际的强震记录还是人工模拟波形，有效持续时间一般为结构基本周期的5~10倍，即结构顶点的位移可按基本周期往复5~10次。我国《高层建筑混凝土结构技术规程》（JGJ 3—2010）[18]在这方面的规定同此。

5.3 双向水平地面运动记录选择方法研究现状

NEHRP 1997[52,53]规定，时程分析时所选择的地面运动加速度记录需满足以下要求：（1）所选地面运动记录不少于3组，每组含有两个水平加速度时程分量；当需要考虑竖向地震作用时，尚需包含竖向地面运动加速度时程分量。所选记录至少来自3个不同地震事件。（2）所选实际地面运动记录的震级、距离和震源机制与对设计地震动起控制作用的相应的震动参数相吻合。（3）如果实际地面运动记录数量不够，可以采用模拟地面运动记录（Simulated Ground Motions Records）补足。（4）求出每组地面运动记录的5%阻尼比SRSS（平方和开平方）谱，即先求出每个水平分量的5%阻尼比加速度反应谱，然后在每一个周期坐标点上求得两个谱值的平方和开平方值。（5）以设计反应谱为目标谱，对每组地面运动记录的SRSS谱进行标定，使得所有记录的SRSS谱的平均谱，在周期$0.2T$~$1.5T$（T为结构的基本周期）范围内的谱值不小于1.4倍设计反应谱的谱值。（6）当记录不少于7组时，以所有地面运动输入下结构反应的均值作为结构的地震反应，否则以最大值作为结构的地震反应。

NEHRP 2000（FEMA 368、FEMA 369）[54,55]、ASCE7-02[56]、NEHRP 2003（FEMA 450）[57,58]、ASCE7-05[59]规定，在进行三维时程分析时，对于所选择的地面运动加速度记录，需满足以下要求：（1）所选地面运动记录不少于3组，每组含有两个水平加速度时程分量，当需要考虑竖向地震作用时，尚需包含竖向地面运动加速度时程分量。（2）所选实际地面运动记录的震级、距离和震源机制与对其最大考虑地震MCE（Maximum Considered Earthquake）起控制作用的地震动参数相吻合。（3）如果实际地面运动记录数量不够，可以采用模拟地面运动记录（Simulated Ground Motion Records）补足。（4）求出每组地面运动记录的5%阻尼比SRSS（平方和开平方）谱，即先求出每个水平分量的5%阻尼比加速度反应谱，然后在每一个周期坐标点上求得两个谱值的平方和开平方值。(5) 以设计反应谱为目标谱，对每组地面运动记录的 SRSS 谱进行标定，使得所有记录的 SRSS 谱的平均谱，在 0.2T~1.5T 周期范围内的谱值不小于 1.3 倍设计反应谱的谱值。(6) 当记录不少于 7 组时，以所有地面运动记录输入下结构地震反应的均值作为结构的地震反应，否则以最大值作为结构的地震反应。

NEHRP 2009 (FEMA P-750)[10]规定，在三维动力时程分析中，应选择双向水平地面运动记录输入，选择要求是：(1) 识别出对目标风险最大考虑地震动 MCE_R (Risk-targeted Maximum Considered Earthquake) 起控制作用的地面运动类型（震级、距离和震源机制)，然后从实际地震事件中选择出符合该类型的地面运动记录，如果不能选够数量，可以采用模拟地面运动记录 (Simulated Ground Motion Records) 补足。(2) 求出每组地面运动记录的 5%阻尼比 SRSS（平方和开平方）谱，即先求出每个水平分量的 5%阻尼比加速度反应谱，然后在每一个周期坐标点上求得两个谱值的平方和开平方值。(3) 以设计反应谱为目标谱，对每组地面运动记录的 SRSS 谱进行标定，所选记录的平均 SRSS 谱在 0.2T~1.5T 周期范围内的谱值不小于设计反应谱的谱值。(4) 选定的地面运动组数不少于 3 组。(5) 当不少于 7 组时，以所有地面运动输入下结构反应的均值作为结构的地震反应，否则以最大值作为结构的地震反应。另外，当结构所在地位于距离起控制作用的活动断裂 5km 以内时，备选地面运动记录应转换成垂直于和平行于起控制作用的裂断的两个加速度时程分量，标定后使得备选地面运动记录中的所有垂直断裂的分量的加速度反应谱的平均谱在 0.2T~1.5T 周期范围内的谱值不小于设计反应谱的谱值。

对于三维动力反应时程分析中地面运动记录选择的规定，除了 ASCE 7-10[11]要求所选地面运动记录的地面运动类型应与对最大考虑地震 MCE 起控制作用的地面运动类型相符以外，ASCE 7-10[11]与 NEHRP 2009 (FEMA P-750)[10]的要求基本相同。

NEHRP 2015 (FEMA P-1050)[15]在规定时程分析中地面运动记录选择方法时，没有前几版 NEHRP 中对于二维时程分析中地面运动记录选择方法的规定，而要求选择的地面运动记录至少包含两个水平加速度时程分量，当需要考虑竖向地震作用时，尚需包含竖向加速度时程分量。这里的规定与 NEHRH 1997[52,53]在这一方面的规定相同，即要求进行时程分析时采用三维时程分析。NEHRP 2015 (FEMA P-1050)[15]规定在时程分析中，所选地面运动记录应满足以下要求：(1) 所选地面运动记录不少于 11 组。如果实际地面运动记录数量不够，可以采用模拟地面运动记录 (Simulated Ground Motions Records) 补足。(2) 所选实际地面运动记录的震级、距离和震源机制应与对最大考虑地震动 MCE 起控制作用的地震动参数相吻合。当对 MCE 起控制作用的地震地面运动类型很可能出现近场效应时，所选地面运动记录尚需包含近场的方向性效应和速度脉冲。

(3) 以 MCE_R 谱或者由具体场地所处的具体地震环境得出的反应谱为目标谱，如条件均值谱。(4) 标定前，计算每组备选地面运动记录的 BdM 谱，要求在标定周期范围内的任一周期处，所有备选地面运动记录的 BdM 谱的平均谱均不小于目标谱的 90%。标定周期范围为 $0.2\min\{T_{1x}, T_{1y}\} \sim 1.5\max\{T_{1x}, T_{1y}\}$，其中 T_{1x}、T_{1y} 分别为结构 x 和 y 主轴方向的基本周期。(5) 输入地面运动给结构模型进行动力反应时程分析时，当结构的地震风险受近场地震控制时，所选的水平地面运动记录应转换成垂直于和平行于起控制断裂方向的两个水平分量，并以这种转换后的加速度时程分量输入给结构；其他情况下，所选地面运动记录可以任何方向输入给结构模型进行动力反应时程分析。任何情况下，进行动力反应时程分析时，所选地面运动记录都不需要变化不同角度输入给结构模型。

美国太平洋地震研究中心（PEER）《高层设计导则》[78] 则要求：(1) 识别出对最大考虑地震 MCE 的地面运动危险性起控制作用的地面运动类型（震级、距离和震源机制）。(2) 从过去的地震中至少选出 7 组与起控制作用的地面运动类型和场地条件相协调的加速度时程。(3) 用谱匹配法或幅值标定法把这些地面运动调整到与目标谱相匹配。(4) 目标谱为一致风险反应谱（Uniform Hazard Spectrum，简称 UHS）[132~134] 或者条件均值谱。

欧洲规范 EC8 Part 1[19] 规定，当对空间模型进行动力时程分析时，应在三个方向同时输入加速度时程，且同一加速度时程不能同时用于两个水平方向。(1) 选择的地面运动记录，可以是人工合成记录（Artificial Accelerograms），也可以是实际地面运动记录，或者是模拟加速度记录（Simulated Accelerograms）。(2) 实际记录或由震源模型和传播路径模型生成的数值模拟记录，零周期处的反应谱值不小于该场地的 $a_g S$ 值，其中 a_g 为场地 A 的设计地面运动加速度，S 为土壤系数（Soil Factor）。(3) 在 $0.2T_1 \sim 2T_1$ 周期范围内，所有记录的 5%阻尼比弹性反应谱的平均值不小于 5%阻尼比设计反应谱相应值的 90%，其中 T_1 为记录输入方向的结构基本周期。(4) 实际地面运动记录或模拟地面运动记录的震源机制、震级、距离和场地条件，应与对地震风险起控制作用的地面运动类型相同。(5) 实际地面运动记录或模拟地面运动记录采用线性缩放方法进行调整。(6) 选定的地面运动记录组数不少于 3 组。当不少于 7 组时，以所有地面运动记录输入下结构地震反应的均值作为结构的地震反应，否则以最大值作为结构的地震反应。

新西兰规范 NZS 1170.5：2004[20] 和 NZS 1170.5 S1：2004[21] 规定，用于动力时程分析的地面运动记录应满足：(1) 至少包括两个水平地面运动分量，当结构或者其一部分结构对竖向地面运动敏感时，如水平长悬臂等，尚应包含竖向地面运动分量。(2) 所选实际地面运动记录的震源机制、震级、距离，应与对地震风险起控制作用的地面运动类型相同，且其场地条件应与所考察结构所处的场地条件一致。(3) 所选地面运动记录不少于3组，当符合要求的实际地面运动记录不足时，可以用模拟地面运动记录（Simulated Ground Motion Records）补足。(4) 以设计反应谱为目标谱，且主分量在 $0.4T_1 \sim 1.3T_1$ 周期范围内与目标谱相拟合，其中 T_1 为结构在所考察方向的最大自振周期，且 $T_1 \nless 0.4$s。(5) 采用线性缩放方法进行调整。

FEMA P695[77]希望选择若干组地面运动记录，用以通过非线性动力时程分析考察不同场地条件下的不同结构体系和不同动力特性结构在最大考虑地震（Maximum Considered Earthquake，MCE）下的易损性。因此，FEMA P695[77]以广泛的适用性为出发点，并且通过选择足够数量的地面运动记录来保证得出合理的易损性评价结果的中值，同时保留不同地面运动记录导致的易损性结果的合理离散性。基于这一前提，该文献选择了两个地面运动记录子集，距离小于10km的近场记录集和距离不小于10km的远场记录集。所有记录满足以下条件：(1) 震级不小于6.5；(2) 震源机制为走滑断层或逆冲断层；(3) 场地为软岩（Site Class C）或者硬土（Site Class D）；(4) 距离用PEER地面运动数据库中的 R_{JB} 概念[98]计算；(5) 来自同一地震事件的地面运动记录不多于两条；(6) 加速度峰值 PGA 大于0.20g，速度峰值 PGV 大于0.15cm/s；(7) 有效频谱含量的周期不小于4s；(8) 记录地面运动的仪器位于自由场地或建筑的地面层。

我国规范[17,18]关于双向水平地面运动记录选择的规定，只是在上述对于单向水平地面运动记录选择规定的基础上，增加了以下要求：当结构采用三维空间模型需要双向（两个水平方向）地震波输入时，其加速度最大值通常按1（水平1）：0.85（水平2）的比例调整。

杨红等人[79]借鉴ASCE 7-10[11]和FEMA 368[54]中双向水平地面运动记录选择思路，结合适用于单向水平地面运动记录选择方法的双频段方法[65]，提出了根据地面运动记录两个水平分量SRSS谱与目标谱相拟合的双周期法，即将备选地面运动记录SRSS谱与目标谱的拟合区段增加为三个频段，分别为 $0.1\text{s} \sim T_g$ 频段、T_1 附近的 $T_1-\Delta T_1 \sim T_1+\Delta T_1$ 频段和 T_2 附近的 $T_2-\Delta T_2 \sim T_2+\Delta T_2$ 频段，作为双向水平地面运动记录选择和标定方法。其中，目标谱即为我国规范的设计反应谱，T_1 和 T_2 分别为结构在两个主轴方向的基本周期，ΔT_1 和 ΔT_2 分别为拟合时 T_1 和 T_2 周期容许的误差限值。

Beyer 和 Bommer[135]整理谱分量的不同定义和一些规范关于地面运动记录选择和标定方法后，认为选择和标定地面运动记录时，两个水平分量的定义应与结构场地地震危险性分析给出的目标谱的定义一致；并建议以两个水平分量的几何平均谱定义目标谱，选择和标定地面运动记录时也以其几何平均谱去拟合目标谱。选择几何平均谱的理由如下：(1) 很多地面运动衰减关系用几何平均谱定义；(2) 同一周期下，几何平均谱对两个水平分量给出一个谱值，方便目标谱和记录反应谱的对比；（3）几何平均谱有明确的数学公式进行定义。

5.4　地面运动记录调整方法

由于地面运动记录的数量有限，使得通常需要对实际地面运动记录进行调整，以获得与结构设计和评价所需要的地面运动强度相适应的地面运动记录。此时，一般通过调整方法对备选地面运动记录做一定的改变，以满足动力反应时程分析的需要。迄今为止，地面运动记录的调整方法有两种：线性缩放（Linear Scaling）、频谱匹配（Response Spectrum Matching）。

线性缩放法，即将整个加速度时程中各个时点的加速度值乘以一个固定的标定系数。这一方法通常称为“标定”，且最常用，因为该方法只是同时对地面运动加速度的幅值做了相同幅度的调整，而没有改变其频谱含量，因而使用线性缩放前后的地面运动加速度反应谱的形状并没有改变。不同的标定系数是否会带来对应的动力反应分析结果的偏差，这一问题引起了一些研究者的关注。在工程抗震领域，能接受的标定系数范围是 1 ~ 10。但是，标定后的记录是否能真正代表给定目标强度的地面运动呢？或者，从结构工程师的角度而言，标定到目标强度尺度的地面运动记录，和不需要标定而本身具有的强度尺度等于目标强度尺度的地面运动记录，在这两者的激励下的结构地震反应是否一致呢？只有满足这个一致性，才能说标定是有效的。Luco 和 Bazzurro[136~138]的研究结果表明，标定系数会带来结构地震反应的偏差，特别是较大的标定系数。但是，Shome 等人[139]、Iervolino 和 Cornell[140]、Baker 和 Cornell[68,70,71]研究表明，只要在选择地面运动记录时考虑了反应谱的形状，标定系数不会带来结构地震反应的偏差。

谱匹配法（Response Spectrum Matching）[141]，即对实际地面运动记录的频率含量进行非线性调整，直到在一定周期范围内其反应谱与目标反应谱的容差小于设定值。由于该方法是在实际地面运动的基础上作出调整，因此最后得出的地面运动记录已经包含了地面运动的天然特性。从这一方面来说，由该法产生的地面运动记录优于模拟地面运动记录。

5.5　地面运动记录选择方法研究现状综述

对于单向水平地面运动记录的选择方法，现有方法大致可以归纳为两类，一类是基于最不利地震动的选择方法，另一类是基于目标谱的选择方法。目前，绝大多数方法都属于第二类方法，即基于目标谱的选择方法。而在这后一类方法中各种具体建议方法之间的差异主要体现在三个方面：（1）选择地面运动记录时，对比记录反应谱和目标谱时所控制的参数不同。例如，杨溥等人[65]建议控制记录反应谱和目标谱在两个频率段（基于规范设计反应谱的平台段和结构基本自振周期段）的差异在一定范围内。（2）所拟合的目标谱不同。我国学者和规范均以我国规范的设计反应谱为目标谱，而国外学者或规范，有的以相应规范设计反应谱为目标谱，有的则以条件均值谱为目标谱，如 Baker 和 Cornell[68~71]、Baker[72]。（3）是否考虑结构在其周期地震环境下对其地震风险起控制作用的地面运动类型。国内和国外学者或规范对于地面运动记录选择存在着一个重要差别，即国外学者均要求所选实际地面运动记录的地面运动类型（震源机制、震级、距离等）应与对地震风险起控制作用的地面运动类型相同，而国内仅王国新等[74~76]认为所选地面运动记录应能反映对结构所处场地地面运动参数危险水平贡献较大的潜在震源区的影响。

在双向水平地面运动记录的选择和调整方法方面，除 FEMA P695[77]因其研究目的的不同，不是基于目标谱选择地面运动记录外，NEHRP 1997[52,53]、NEHRP 2000[54,55]、NEHRP 2003[57,58]、NEHRP 2009[10]、NEHRP 2015[15]、ASCE 7-02[56]、ASCE 7-05[59]、ASCE 7-10[11]、美国太平洋地震研究中心(PEER)《高层设计导则》[78]、欧洲规范 EC8 Part 1[19]、新西兰规范 NZS 1170.5：2004[20]和 NZS 1170.5 S1：2004[21]、我国规范[17,18]和杨红等人[79]均规定或建议基于目标谱选择双向水平地面运动记录。下面仅讨论除 FEMA P695[77]之外的这些规范或者研究成果对于双向水平地面运动记录选择建议的差异，并从以下几个方面进行分析（见表 5-1）。

表 5-1 双向水平地面运动记录选择和标定方法汇总

方法	目标谱	地面运动类型	记录的来源	记录的数量	调整方法	标定控制参数
PEER《高层导则》	设计反应谱 条件均值谱	对地震风险起控制作用的地面运动类型	实际记录	≥7	谱匹配法 线性缩放法	—
NEHRP 2015	设计反应谱 对应于场地的谱	对地震风险起控制作用的地面运动类型	实际记录 模拟记录	≥11	线性缩放法	$0.2\min\{T_{1x},T_{1y}\}\sim1.5\max\{T_{1x},T_{1y}\}$ $BdM\geq0.9$ 目标谱
NEHRP 1997	设计反应谱	对地震风险起控制作用的地面运动类型	实际记录 模拟记录	≥3	线性缩放法	$0.2T\sim1.5T$ $SRSS\geq1.4$ 设计反应谱
NEHRP 2000 ASCE 7-02 NEHRP 2003 ASCE 7-05	设计反应谱	对地震风险起控制作用的地面运动类型	实际记录 模拟记录	≥3	线性缩放法	$0.2T\sim1.5T$ $SRSS\geq1.3$ 设计反应谱
NEHRP 2009 ASCE 7-10	设计反应谱	对地震风险起控制作用的地面运动类型	实际记录 模拟记录	≥3	线性缩放法	$0.2T\sim1.5T$ $SRSS\geq$ 设计反应谱

续表 5-1

方法	目标谱	地面运动类型	记录的来源	记录的数量	调整方法	标定控制参数
NZS 170. 5：2004	设计反应谱	对地震风险起控制作用的地面运动类型	实际记录 模拟记录	≥3	线性缩放法	$0.4T \sim 1.3T$
EC8 Part1	设计反应谱	对地震风险起控制作用的地面运动类型	人工合成记录 实际记录 模拟记录	≥3	线性缩放法	$0.2T \sim 1.5T$ 平均谱≥0.9 设计反应谱
我国规范	设计反应谱	—	实际记录 人工合成记录	≥3	—	—
杨红等人	设计反应谱	—	—	—	—	3个频段 （T_g，T_1，T_2） *SRSS*≥设计反应谱

（1）所选的目标谱。美国太平洋地震研究中心（PEER）《高层设计导则》[78]规定的目标谱为其规范设计反应谱或者条件均值谱。NEHRP 2015（FEMA P-1050）[15]则以设计反应谱或者由具体场地所处的具体地震环境得出的反应谱为目标谱，如条件均值谱。其他方法均以相应规范设计反应谱为目标谱。

（2）对于地面运动类型的规定。除了我国规范[17,18]和杨红等人[79]外，其他方法均要求所选地面运动记录的震源机制、震级、距离等应与对地震风险起控制作用的地面运动类型相同。获知对地震风险起控制作用的地面运动类型，需要用到概率地震危险性分析PSHA（Probabilistic Seismic Hazard Analysis）[132~134]中的解聚分析（Deaggregation）[142,143]。

（3）地面运动记录的来源。NEHRP 1997[52,53]、NEHRP 2000[54,55]、NEHRP 2003[57,58]、NEHRP 2009[10]、NEHRP 2015[15]、ASCE 7-02[56]、ASCE 7-05[59]、ASCE 7-10[11]、NZS 1170. 5：2004[20]和NZS 1170. 5 S1：2004[21]均要求优先选择实际地面运动记录，在实际地面运动记录不足时，可以用模拟地面运动记录（Simulated Ground Motion Records）补足；也就是说，优先选择实际地面运动记录。美国太平洋地震研究中心（PEER）《高层设计导则》[78]规定，只能选择实际地面运动记录。而EC8 Part 1[19]规定，选择的地面运动记录可以是人工合成记录（Artificial Accelerograms），也可以是实际地面运动记录，或者模拟加速度记录（Simulated Accelerograms）。由此可以看出，EC8 Part 1[19]在这三种地面运动来源类型的选择间，并没有赋予哪一种地面运动以优先权。而我国规范[17,18]则规定可以是实际地面运动记录，也可以是人工模拟的地面运动记录，如选择3组加速度时程的话，可以是两组实际地面运动记录和一组人工模拟地面运动记录的组合；选择7组加速度时程的话，可以是5组实际地面运动记录和两组人工模拟地面运动记录的组合。

人工合成记录（Artificial Accelerograms）[144]，是指通过反应谱与功率谱的关系，利用三角级数或自回归滑动平均（ARMA）模型合成的人工地震波。通过反复迭代的方法，可以使人工波的反应谱尽可能地接近目标反应谱，从而对初始人工合成记录做进一步调整。

模拟地面运动记录（Simulated Ground Motion Records）[145]，一般通过三种方法实现。一种是数学方法，其模型建立在物理原理的基础上，首先通过震源模型实现生成地震波的模拟，然后通过波的传播模型实现地震波传播的模拟。另一种是经验方法，其模型不必符合物理原理，但是要与经验值吻合；经验方法被认为是预测未来地震地面运动的最直接方法，该方法假定未来发生的地震同此前发生的地震类似。第三种方法，即将第一种和第二种方法结合起来的混合方法。

（4）地面运动记录的数量。NEHRP 1997[52,53]、NEHRP 2000[54,55]、NEHRP 2003[57,58]、NEHRP 2009[10]、NEHRP 2015[15]、ASCE 7-02[56]、ASCE 7-05[59]、ASCE 7-10[11]、EC8 Part 1[19]和我国规范[17,18]规定，选定的地面运动记录数量不少于 3 组；当不少于 7 组时，以所有地面运动输入下结构地震反应均值作为结构的地震反应，否则以最大值作为结构的地震反应。美国太平洋地震研究中心（PEER）《高层设计导则》[78]规定，选择的地面运动记录不少于 7 组。NZS 1170. 5：2004[20]和 NZS 1170. 5 S1：2004[21]规定，选择的地面运动记录不少于 3 组。NEHRP 2015[15]规定，选择的地面运动记录不少于 11 组。这个 11 组的数量要求并不是基于统计分析得出的，仅仅只是希望通过输入更多的地面运动记录可以来获得结构平均地震反应更可靠的估计值。

（5）调整方法。当备选地面运动记录的强度与需要输入的地面运动强度之间有差距时，需对实际地面运动强度进行调整。NEHRP 1997[52,53]、NEHRP 2000[54,55]、NEHRP 2003[57,58]、NEHRP 2009[10]、NEHRP 2015[15]、ASCE 7-02[56]、ASCE 7-05[59]、ASCE 7-10[11]、EC8 Part 1[19]和 NZS 1170. 5：2004[20]和 NZS 1170. 5 S1：2004[21]均采用线性缩放法进行调整。美国太平洋地震研究中心（PEER）《高层设计导则》[78]则允许采用谱匹配法或线性缩放法。我国规范[17,18]在这方面没有相应规定。

（6）标定控制参数。双向水平地面运动记录的选择和标定与单向水平地面运动记录的选择和标定之间存在着一个重要区别。就当前广泛使用的基于目标谱的地面运动记录选择和标定方法而言，如果用备选地面运动记录特定周期或特定周期范围的反应谱值去拟合目标谱的反应谱值，对于单向水平地面运动记录而言，操作很简单；但是对于双向水平地面运动记录而言，则存在一个问题，即双向水平地面运动记录的两个水平分量对应两个反应谱，如何用这两个反应谱去拟合单一的目标谱？

NEHRH 1997[52,53]规定，所选记录 SRSS 谱的平均谱在 0. 2T~1. 5T 周期范围

内的谱值不小于 1.4 倍设计反应谱的谱值。

NEHRP 2000[54,55]、NEHRP 2003[57,58]、ASCE 7-02[56]、ASCE 7-05[59] 则规定，所选记录 SRSS 谱的平均谱在 $0.2T \sim 1.5T$ 周期范围内的谱值不小于 1.3 倍设计反应谱的谱值。

NEHRP 2009[10] 和 ASCE 7-10[11] 规定，所选记录的平均 SRSS 谱在 $0.2T \sim 1.5T$ 周期范围内的谱值不小于设计反应谱的谱值。

NEHRP 2015[15] 规定，标定前，计算每组备选地面运动记录的 BdM 谱，要求在标定周期范围内的任一在周期处，所有备选地面运动记录的 BdM 谱的平均谱均不小于目标谱的 90%。标定周期范围为 $0.2\min\{T_{1x}, T_{1y}\} \sim 1.5\max\{T_{1x}, T_{1y}\}$，其中 T_{1x}、T_{1y} 分别为结构 x 和 y 主轴方向的基本周期。

EC8 Part 1[19] 规定，在 $0.2T_1 \sim 2T_1$ 周期范围内，所有记录的 5%阻尼比弹性反应谱的平均值不小于 5%阻尼比设计反应谱相应值的 90%，其中 T_1 为记录输入方向的结构基本周期。

NZS 1170.5：2004[20] 和 NZS 1170.5 S1：2004[21] 中每组记录有两个标定系数。记录标定系数 k_1 用来减小感兴趣的周期范围（$0.4T_1 \sim 1.3T_1$）内每组记录的主分量和目标谱的差异。集合标定系数 k_2 用来确保感兴趣的周期范围（$0.4T_1 \sim 1.3T_1$）内每个周期点处，至少一组记录的主分量由记录标定系数 k_1 标定至超过目标谱。将每组记录中 k_1 较小的分量定义为主分量，另一分量定义为次分量。每组记录的两个分量的最终标定系数是 k_1k_2。

杨红等人[79] 要求用每组记录的 SRSS 谱在三个频段内拟合目标谱。三个频段分别为：$0.1\text{s} \sim T_g$ 频段、T_1 附近的 $T_1-\Delta T_1 \sim T_1+\Delta T_1$ 频段和 T_2 附近的 $T_2-\Delta T_2 \sim T_2+\Delta T_2$ 频段。

我国规范[17,18] 没有就双向水平地面运动记录的标定给出专门的规定。

从逻辑上说，标定时备选地面运动记录反应谱和目标谱的谱值物理意义应一致，即在选择地面运动记录时，如果目标谱是单向反应谱，那么应以备选记录的单向反应谱去拟合目标谱；如果目标谱是某种物理意义的双向反应谱，则应以备选记录相同物理意义的双向反应谱去拟合该目标谱。但是，除了 NEHRP 2015[15] 外，当前所有这些双向水平地面运动记录的标定方法均不具备这一一致性。

除 FEMA P695[77] 以外，上述这些双向水平地面运动记录选择方法均是基于目标谱的。而所有基于目标谱来选择地面运动记录的方法，最突出的特征在于，选出的地面运动记录在所关注的周期范围内的反应谱值均会比较逼近所拟合的目标谱，从而不能体现地面运动的不确定性，也就人为缩小了由此预测出的结构地震反应的不确定性。如果所拟合的目标谱体现了一定地震风险水准（如罕遇地震）下地面运动的中值强度，拟合该目标谱选择出来的地面运动记录就可以体现该地震风险水准下的中值强度，在动力时程分析中把有限几组这些地面运动输入结构模型，就可以得到该地震风险水准下结构地震反应中值的有效预测值。当需要了解结构在一定地震风险下，由于地面运动的不确定性而导致的结构地震反应的分布情况时，这类基于目标谱选择地面运动记录的方法显然不适用。

5.6 规范双向水平地面运动记录选择和标定方法的有待改进之处

我国规范[17,18]关于双向水平地面运动记录选择和标定方法的规定相对较笼统，存在以下不足之处。

（1）未充分考虑结构所处场地周围地震环境的影响。不同地震环境中，在一定地震风险下（如 50 年超越概率 2%），结构可能遭遇的地面运动类型不同，从而导致结构可能出现的地震反应也不同。即使地震环境相同，不同结构的动力特性不同，在一定地震风险下各动力特性的结构可能遭遇的地面运动类型不同，因而各结构最可能出现的地震反应亦不同。要合理预测结构地震反应，所选择的地面运动记录应体现该结构周围地震环境的影响。我国规范设计反应谱，通过设计地震分组在一定程度上体现了震级和震中距对反应谱的影响，并通过场地类别考虑了场地条件对反应谱的影响。因此，以规范设计反应谱为目标谱来选择地面运动记录，在一定程度上体现了地震环境的影响。但是，在选择地面运动记录时，未进一步将所选地面运动类型限制为结构在其周围地震环境影响下的主要类型，以便更加充分地体现结构周围地震环境的影响。因此，依据我国规范[17,18]选择的地面运动记录通常未能相对充分地体现结构周围地震环境的影响。

（2）作为选择地面运动记录的目标谱的设计反应谱，在整个周期范围内，不具有明确、统一的统计意义。我国规范是按地面运动加速度有效峰值进行分区设防的，设计反应谱是对大量实际地面运动记录的加速度反应谱进行拟合的基础上得到的，在 0~5T_g周期范围内基本代表了平均统计意义的加速度反应谱值，但是在 5T_g~6s 周期范围内，考虑到结构安全需要而做了一定的人为调整[49,50]，而其他周期段未经人为调整。因而在整个周期范围内，我国设计反应谱不具有明确、统一的统计意义，以其为目标谱选择出的地面运动强度对于各周期结构而言不具有统一的统计意义。

如果以各周期处的谱值作为衡量地面运动强度的指标，就会使得自振周期在 5T_g前、后的结构选出的地面运动记录所代表的地面运动强度的统计意义不同。这意味着，以我国设计反应谱为目标谱来选择地面运动记录，会使得选出的地面运动记录在短周期、中短周期和长周期几个区段内并不具有统一的地面运动强度统计意义，即各周期的结构拟合该目标谱选择出的地面运动记录不具有相同的地震风险水准。若根据由此预测出的结构地震反应，采用统一的性能评价指标评价结构抗震性能，可能最终导致各周期的结构不具有相同的实际抗震性能水平。

（3）未考虑在被考察结构感兴趣的周期范围内，所选地面运动记录是否具有足够可靠的频谱信息。要合理预测结构地震反应，用来激励结构的地面运动记录在结构主要周期范围内应该具有足够可信的频谱信息。另外，在强烈地震作用下，结构可能进入相当程度的非线性而使得结构等效周期延长。此时，在选择地面运动记录时，应考虑结构可能进入非线性后导致的等效周期延长，使得其可信的最长周期不小于结构进入非线性后延长的周期。鉴于此，有关规范对拟合目标谱选择地面运动记录时控制参数的周期上限做出了规定，如 ASCE 7-10[11] 和 FEMA 368[54] 规定为 $1.5T$，EC8 Part 1[19] 规定为 $2T_1$，NZS 1170.5：2004[20] 和 NZS 1170.5 S1：2004[21] 规定为 $1.3T_1$。在我国工程界中，用频谱信息最长可信周期仅 2~4s[80] 的模拟式强震仪记录激励第一自振周期长达 5~6s 的长周期结构，用以预测这类结构地震反应的情况屡见不鲜，这一现象应予以纠正。

（4）选择双向水平地面运动记录时，并没有给出具体标定方法，更不要说给出所选地面运动记录反应谱和目标谱物理意义一致的标定方法。没有说明在选择双向水平地面运动记录时，是否如与选择单向水平地面运动记录时一样要求在统计意义上与设计反应谱相符。如果要求选择的双向水平地面运动记录的反应谱在统计意义上与设计反应谱相符，那么拥有两个水平分量的双向水平地面运动记录，两个水平分量对应的反应谱如何在统计意义上与设计反应谱相符？我国规范[17,18] 并没有给出处理方法。

（5）没有尊重一组地面运动记录中两个分量间的天然差异特性。我国规范[17,18] 要求双向水平地面运动记录两个水平分量的加速度峰值按 1（水平 1）：0.85（水平 2）的比例调整。也就是说，对于一组实际地面运动记录，人为地将其两个水平分量的加速度峰值调整成上述比例，这样就改变了两个水平分量间的天然差异特性。而本书认为，应该尊重地面运动记录的这种特性。

5.7 合理的地面运动记录选择方法应具备的要素

通过上述对地面运动记录方法的系统汇总和整理，并结合我国规范[17,18] 在这方面有待改进之处，从更合理预测具体地震环境下具体结构的地震反应的角度，本书建议选择地面运动记录时应满足以下要素。

（1）体现该结构周围地震环境的影响。因结构所在场地周围地震环境的不同，加之每个结构的动力特征的不同，具体场地上的具体结构可能遭受的某个水准下的地面运动类型也是不同的。要合理预测某个具体结构的地震反应，所选择的地面运动记录应该体现该结构周围地震环境的影响，即与该结构在该地震风险水准下起控制作用的地面运动类型相吻合。当然场地类别也需要与结构所处场地类别一致。

（2）拟合的目标谱在各周期处的统计意义一致。选择地面运动记录时拟合的目标谱，在所有周期内应具有统一的统计意义，并且符合客观规律，而不是经人为调整的，以代表统一的地震风险水准。如此一来，才能以同一抗震性能评价标准去评价不同周期结构的地震反应，从而获得不同周期结构的有统一含义的抗震性能评价结果，最终实现不同周期结构具有大致相当的抗震性能水平。

（3）标定时，备选地面运动记录反应谱和目标谱的谱值物理意义应相同。例如，如果目标谱是如同我国规范[17,18]设计反应谱的单向反应谱，则可以它用作为选择单向水平地面运动记录时的目标谱，标定时直接以备选地面运动记录的单向反应谱值去拟合目标谱值；如果目标谱是 GMRotI50[6]意义的单向反应谱，则标定时应以备选地面运动记录的 GMRotI50 谱去拟合目标谱；如果目标谱是几何平均谱意义的，那么标定时应以备选地面运动记录的几何平均谱去拟合目标谱。

（4）选择的地面运动记录在结构感兴趣的周期范围内应该具有足够可靠的频谱含量。被考察结构感兴趣的周期范围，视该结构的动力特性而定。如果结构高振型影响不可忽略，则该感兴趣的周期范围应该包括这些高振型的周期。另外，视该结构在该地震风险下可能进入的非线性程度，可能还需要考虑结构进入非线性后等效周期的延长。

（5）当需要获知结构在一定地震风险下可能出现的地震反应分布情况时，选择地面运动记录时应考虑地面运动的不确定性。由于受震源和传播介质中许多偶然因素的影响，地面运动具有明显的不确定性，在其激励下的结构的地震反应也存在不确定性。当需要全面了解结构在一定地震风险水准下的抗震性能时，需要获知结构在该地震风险水准下由于地面运动的不确定性而可能出现的地震反应分布情况。此时，在预测这类结构地震反应的动力时程分析中，应输入体现地面运动不确定性的地面运动记录。

5.8 编制解聚分析程序

如上节已经提到的，在考察某个具体地震环境中具体结构时，在给定地震风险下对该结构起控制作用的地面运动类型（震源机制、震级、距离等）是不相同的，合理的地面运动记录选择方法选出的地面运动记录的类型应与该起控制作用的类型相吻合。要识别出在一定地震风险下对某个特定结构起控制作用的地面运动类型，当前普遍采用的方法是概率地震危险性分析 PSHA（Probabilistic Seismic Hazard Analysis）[132~134]中的解聚分析（Deaggregation）[142,143]。

概率地震危险性分析方法，最早在 20 世纪 50 年代初期由日本地震学家河角广提出[146]。1968 年，美国的 Cornell[132]进一步提出将此法用于评价工程场地的地震危险性。1976 年，McGuire 将 Cornell 提出的方法进一步深化，并编制了相应的程序，被后来的众多研究者采用，因此有人称这种方法为 Cornell-McGuire 方法。此后，在 Cornell-McGuire 方法的基础上，不断有学者对震源区划分、活动性参数模型、衰减关系和场点地震危险性计算方法提出改进，促使这一方法迅速发展完善，目前已成为世界各国编制地震动参数区划图和完成场地地震安全性评价中普遍采用的方法。

概率地震危险性分析方法有如下基本假定：

(1) 潜在震源区内（可以是线源和其他规则的、不规则的面源）任何地方发生地震的可能性是相同的。

(2) 潜在震源区内不同震级地震的年平均发生率在时间轴上为某个常数。

(3) 地震发生满足泊松分布，即假定地震事件是独立的、随机的（即地震发生时间、震源坐标、震级等以相互独立的方式出现）。

(4) 一个地区内（潜在震源区内）地震次数随着震级增高以指数形式减少，大小地震之间的比例关系，可用古登堡-里克特（震级-频度）关系表示。

(5) 场地地震动参数是震中距（或震源距）和震级的函数。

基于以上对潜在震源区的基本假定，概率地震危险性分析的基本步骤（图 5-1）如下：

第一步（A）：根据地震活动性和地震地质的研究，确定该地区的潜在震源范围、最大地震震级以及年平均发生率等参数。

第二步（B）：按照该潜在震源区的震级-频度关系和对潜在震源区的地震活动性认识，给出潜在震源区的地震活动性参数，主要是基于古登堡-里克特（G-R）关系 $\lg N = a - bM$，计算各震级地震的年平均发生率，并认为各震级地震在该潜在震源区内任何地方发生的概率是相同的。

第三步（C）：根据本地区地震等震线的分布规律和强震记录的分析，确定该区地震动的衰减关系。

第四步（D）：根据以上的参数进行场地地震危险性分析，并经过不确定性修正，计算给定场点地震动的概率分布。

中国概率地震危险性分析方法，既顺应了地震危险性发展的趋势和要求，又充分考虑了中国具有丰富的历史地震事件记载和已经成形的中国地震工程学体系，具有自身的特点。中国概率地震危险性分析方法的特点，主要体现在中国震源的二级划分体系和中国独特的椭圆形衰减规律。

概率地震危险性分析的结果，综合了一个场点周围所有潜在震源对该场点的影响。然而，若想要知道哪一个潜在震源，或者哪个距离下的何种大小的地震，最有可能对该场点产生该水准的地震动，地震危险性分析结果无法给出答案。如果把每个潜在震源的每个震级、距离对该地震风险的贡献剥离和展示出来，就是解聚分析。也就是说，解聚分析就是为了把地震危险性分析过程中的细节信息体

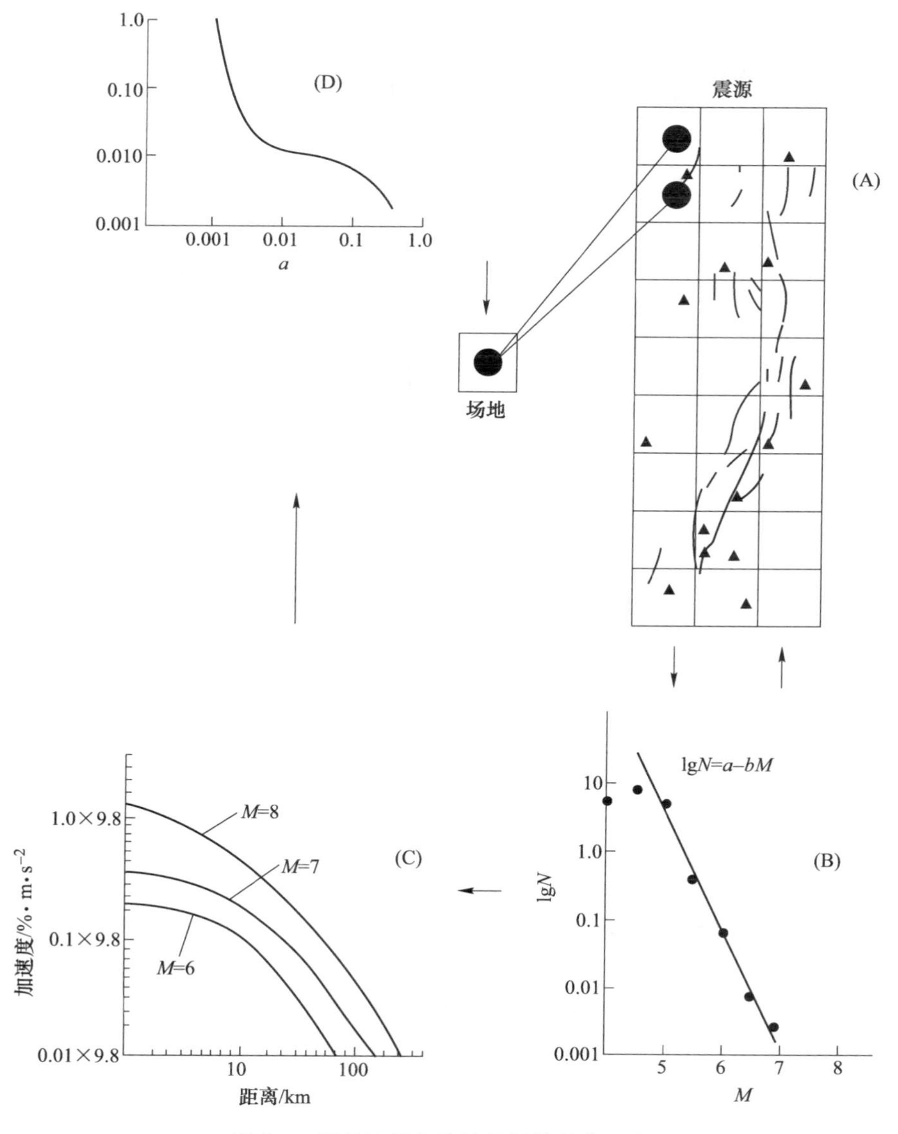

图 5-1 概率地震危险性分析的基本要点

现出来。显然，通过解聚分析，可以获知一个场点在其所处地震环境影响下，对其在一定地震风险下起控制作用（即贡献最大）的地面运动类型。

在上节中，本书认为，合理的地面运动记录选择方法选出的地面运动记录的类型应与该起控制作用的类型相吻合。要识别出起控制作用的地面运动类型，需要进行解聚分析。为此，根据中国地震局地球物理研究所提供的西南地区潜在震源信息，本书结合中国概率地震危险性分析方法，编制了中国的概率地震危险性分析程序和解聚分析程序。本程序把潜在震源与场点的面与点的关系，转化为点与点之间的关系，再按球面求解两点的方位和距离，采用椭圆迭代方案实现椭圆衰减关系的应用，衰减关系采用俞言祥和汪素云[147]提出的中国西部地区加速度反应谱衰减关系。

为了考察本程序分析结果的可靠性，以云南省大理市为例，将本程序与中国地震局地球物理研究所提供的程序的计算结果进行对比。以大理（经度/纬度：100.2663°/25.6094°）为场点，计算第 174 号潜在震源（见图 5-2）对场点的 *PGA* 超越概率曲线。第 174 号潜源的断裂走向为 155°，所处的地震带年平均发生率 v=6.44、b=0.685、震级上限为 8，潜在震源的震级上限为 6.5，各震级档的概率分配函数见表 5-2，其四个角点经纬度坐标为（99.56°/26.14°，100.53°/24.78°，100.67°/24.87°，99.81°/26.26°）。

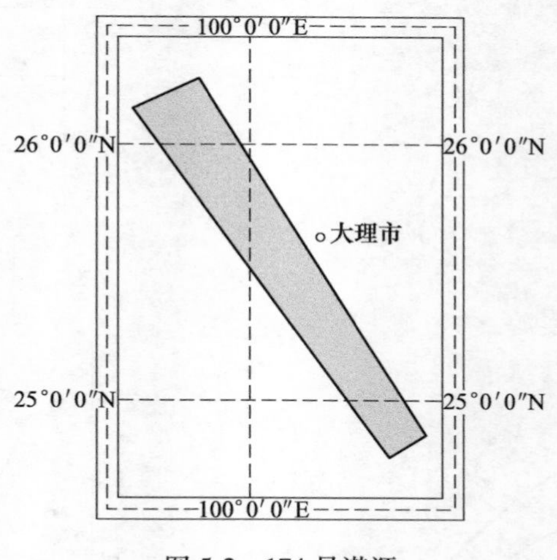

图 5-2 174 号潜源

表 5-2 同震级档的概率分配函数

震级档	[4, 5.5)	[5.5, 6)	[5.5, 6)	[6, 6.5)
分配函数	0.0154	0.0154	0.0107	0.0083

将该潜在震源面积按照 0.02°×0.02°经纬度间隔划分为网格，这样将面源划分为许多点源，并以每个网格的中心点作为点源的位置，计算得到的 *PGA* 年超越率曲线如图 5-3 所示。从图 5-3 中可以看出，本程序计算结果与中国地震局地球物理研究所提供程序计算结果相比，本程序精度符合要求，即误差基本保持在 20%以内；在 *PGA* 极小情况下依然不超过 50%，但这种 *PGA* 极小的情况对场地危险性的影响可以忽略，故认为本程序可用。

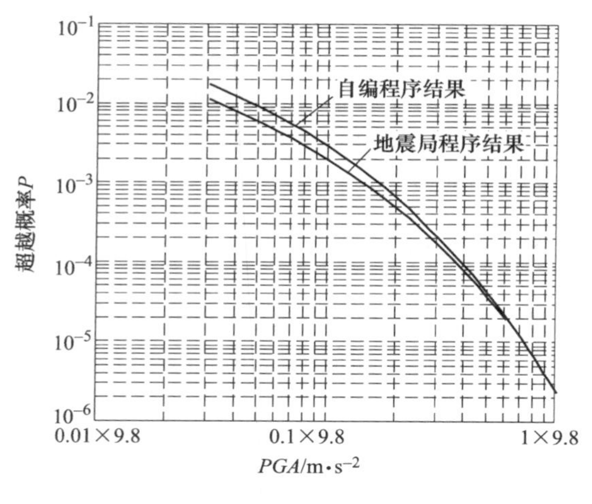

图 5-3 计算结果对比

5.9 基于 BdM 谱的两种双向水平地面运动记录选择和标定方法

地震发生时，受震源和传播介质中许多偶然因素的影响，地面运动具有明显的随机性和不确定性，从而使得受其激励的结构的地震反应也具有相应的随机性和不确定性[22~25]。这意味着，在一定地震风险下，结构的地震反应（如最大层间位移角、最大基底剪力等）并不是一个唯一的确定值，而是存在一定的分布范围。通常，对于普通工程结构，研究者和设计者更多地关注其地震反应的平均值。但是，对于某些比较重要的结构或特殊结构，设计者可能不仅仅满足于了解其在一定地震风险水准下地震反应的平均值，还希望通过动力反应时程分析了解由于地面运动的不确定性而导致的其地震反应的分布情况，从而全面了解其在该地震风险水准下的抗震性能。对于这两种情况下的动力反应时程分析，选择和标定地面运动记录的方法显然不同。

BdM 谱是一定阻尼比下所有周期处考虑记录仪器不同水平放置方位情况下的所有单向加速度反应谱值中最大谱值连线。相对于单向水平加速度反应谱值而言，采用 BdM 谱值作为水平地面运动强度指标，可以充分体现水平地面运动强度的方位特征，更能体现结构在某一主轴方向可能遭遇的最大地震风险。

为弥补我国现行双向水平地面运动记录选择方法的上述不足之处，在满足上述选择和标定地面运动记录时需具备的要素的前提下，本书基于第 3 章 BdM 谱的研究结果，提出双向水平地面运动记录选择和标定方法，以适应上述预测结构地震反应平均值和分布范围两种情况下的不同需要，并在其中考虑水平地面运动强度的方位特征。在下面的讨论中，将预测结构在一定地震风险下的地震反应平均值时双向水平地面运动记录的选择和标定方法，称为基于 BdM 平均谱的双向水平地面运动记录选择和标定方法；而将预测结构在一定地震风险下的地震反应分布情况时的双向水平地面运动记录选择和标定方法，称为考虑地面运动记录不确定性的双向水平地面运动选择和标定方法。

5.9.1 基于 BdM 平均谱的双向水平地面运动记录选择和标定方法

当前，预测一定地震风险下结构的地震反应时，主要基于目标谱来选择地面运动记录。拟合单一目标谱选择地面运动记录，会使得所选出的地面运动记录的反应谱在一定周期范围内逼近目标谱。这样选出的地面运动记录输入给结构后，预测出的结构地震反应也会相对集中。如果该目标谱代表了一定地震风险（如罕遇地震）下的平均值水平，那么由此预测出的结构地震反应就可以较好地体现该地震风险下结构地震反应的平均值。因此，预测结构地震反应平均值的基于 BdM 谱的双向水平地面运动记录选择和标定方法，其核心是选择和标定双向水平地面运动记录时拟合的目标谱需是一定地震风险下的平均谱。

基于 BdM 平均谱的双向水平地面运动记录选择和标定方法的主要要点如下：

（1）所选地面运动记录应体现结构周围地震环境的影响。

（2）选择由强震仪记录到的真实地面运动记录。

（3）以起控制作用的地面运动类型的 BdM 谱平均谱为目标谱选择地面运动记录。

（4）采用线性缩放法调整地面运动强度，要求备选地面运动记录的 BdM 谱和目标谱在结构被考察方向的基本周期处的差异不大于 20%。

（5）所选地面运动记录在结构感兴趣的周期范围内，需具有可靠的频谱信息。

（6）由于筛选地面运动记录时，是以备选地面运动记录的 BdM 谱和目标谱相拟合的。也就是说，所选出的地面运动记录在其记录仪器的某个角度下取得的该结构被考察方向的基本周期处反应谱值与目标谱值相吻合。那么，在输入该地面运动记录时，应旋转该角度后输入给结构，才能保证输入的地面运动强度是需要的强度。

（7）选定的地面运动记录数量不少于 7 组，以所有地面运动记录输入下结构地震反应的均值作为结构的地震反应平均值。

基于 BdM 平均谱的双向水平地面运动记录选择和标定方法的执行步骤（见图 5-4）如下：

第一步，识别出起控制作用的地面运动类型。为体现结构所处不同地震环境的影响，可以根据结构的动力特性和其所处的地震环境用概率地震危险性分析 PSHA（Probabilistic Seismic Hazard Analysis）[132~134] 中的解聚分析（Deaggregation)[142,143]，来识别出该地震环境下对地震危险起控制作用的地面运动类型。

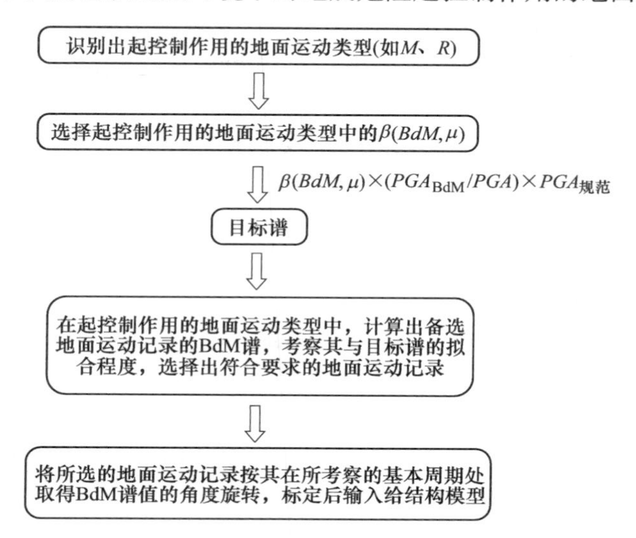

图 5-4 基于 BdM 平均谱的双向水平地面运动记录选择和标定方法使用过程示意图

第二步，根据起控制作用的地面运动类型，在第 3 章 BdM 谱的研究结果中，选择相应的动力放大系数谱，形成目标谱。由于该地面运动记录选择和标定方法旨在预测结构在一定地震风险下地震反应的平均值，因此作为目标谱的反应谱应代表起控制作用地面运动类型的平均统计特征。在不同地面运动类型统计得出的 BdM 动力放大系数谱平均谱（即 $\beta(BdM, \mu)$）中，选择对应于对地震危险起控制作用的地面运动类型的 $\beta(BdM, \mu)$ 为动力放大系数目标谱。将我国规范[17,18]规定的地面运动加速度峰值乘以对应地面运动类型下 BdM 谱与单向水平加速度反应谱的零周期比值（即双向水平最大加速度峰值 PGA_{BdM} 与单向水平加速度峰值 PGA 的比值，见表 3-1~表 3-3），即将我国规范[17,18]划分设防烈度区的地面运动强度指标由单向加速度峰值 PGA 转换为双向最大加速度峰值 PGA_{BdM}；再将该值乘以 $\beta(BdM, \mu)$，即得在谱形和谱值上均为 BdM 概念的目标谱。则所有周期范围内，该目标谱均具有明确的、统一的统计意义，而且考虑了水平地面运动强度的方位特征。

第三步，按起控制作用的地面运动类型，选择地面运动记录，拟合目标谱。在地面运动记录数据库中，选择对应于起控制作用的地面运动类型的地面运动记录。这里要特别说明的是，目标谱的每个谱值均是 BdM 谱意义的。为保证标定时目标谱与备选地面运动记录反应谱值物理意义一致，在标定前，应计算出每组备选地面运动记录的 BdM 谱，标定该 BdM 谱，再考察其与目标谱的拟合情况。拟合时，参考我国规范[17,18]的做法，控制两者在基本周期点上差距不超过 20%，这是本书双向水平地面运动记录选择和标定方法与其他方法的重要区别之一。

第四步，每组地面运动记录，按在所考察结构关注的主轴方向的基本周期处取得 BdM 谱值的角度旋转后输入给结构模型。该选择地面运动记录方法的目标谱是 BdM 谱，每个周期处的反应谱值均是该类型地面运动所考虑的全部记录 BdM 谱值的平均值。选择和标定地面运动记录时，是按备选地面运动记录的 BdM 谱和目标谱在基本周期处的谱值差距较小来控制的，那么在输入时，只有每个记录依照在该基本周期取得 BdM 谱值时的角度输入，才能使输入后该地面运动记录在该基本周期点的反应谱值确实贴近目标谱值，从而使本地面运动记录方法在目标谱、标定和输入时实现了反应谱值物理意义的统一，且在全过程中均考虑了水平地面运动强度的方位特征。

另外，如果在强烈地震作用下，结构可能进入非线性阶段，从而导致其等效周期延长，那么在选择地面运动记录时，为保证在可能的等效周期范围内地面运动记录的频谱信息的可靠性，尚需保证所选地面运动记录的最长可信周期不小于可能的等效周期（如 1.5 倍基本周期）。如果结构高振型影响不可忽略，则该感兴趣的周期范围应该包括这些高振型对应的周期。

通常，结构在各个主轴方向的动力特征不一样。需要特别说明的是，基于 BdM 平均谱的双向水平地面运动记录选择和标定方法，在选择地面运动记录时，识别对结构地震风险起控制作用的地面运动类型过程中，是按被考察的主轴方向的重要振型周期（如基本周期）来分析的，识别出的地面运动类型对结构该主轴方向的地震风险起控制作用，对另一主轴方向的地震风险不一定起控制作用。基于 BdM 平均谱的双向水平地面运动记录选择和标定方法，标定和输入地面运动记录时，确保在结构被考察主轴方向的基本周期处，地面运动反应谱值最大。如果结构反应以第一振型为主，那么此时采用这种地面运动记录选择和标定方法后，预测出的地震反应可能是结构在该被考察主轴方向的最不利反应的平均值。如果需要考察结构在另一主轴方向的相应情况，则在标定和输入地面运动记录时，应以该另一个主轴方向基本周期处取得的 BdM 谱值方向确定。

5.9.2　考虑地面运动不确定性的双向水平地面运动记录选择和标定方法

当希望预测出结构在一定地震风险（如罕遇地震）下地震反应的分布情况时，用来激励结构的地面运动记录应包含相应的不确定性，由此得出的结构地震反应才能处于相应的分布范围，从而获得结构在一定地震风险下地震反应的分布情况。最为直接的做法，应该是选择相当数量（比如 30~40 组）、能体现一定不确定性的地面运动记录，输入给结构来获得体现了相当地面运动不确定性的结构地震反应分布情况。但是，对于现在的高层、超高层结构而言，在预测其地震反应的非线性动力反应时程分析过程中，由于结构模型的自由度众多，计算量巨大，即使只计算一组地面运动记录，也要花费不短的计算时间。因此，通过输入相当数量的地面运动记录来获得结构地震反应的分布情况，这在计算时间上通常难以被设计者所接受。这一方法在理论上虽可行，但是实际上几乎不大可能被设计者所采用。另外，这种方法很难量化所选地面运动记录包含的不确定性程度。

我国按地面运动加速度有效峰值划分设防烈度分区，但在加速度有效峰值相同的情况下，加速度反应谱的形状因地面运动的不确定性而存在着相当大的不确定性。因此，本书以加速度反应谱形状（即加速度动力放大系数谱）的不确定性反映地面运动的不确定性。鉴于本书第 3 章中已经就不同的地面运动类型的 BdM 谱进行了统计分析，掌握了其统计规律，可以用代表不同不确定性程度的少数几组地面运动记录来体现地面运动的不确定性。例如，用 3~7 组地面运动记录代表一定地面运动类型下的统计平均值、平均值加 1 倍标准差、平均值加 2 倍标准差的反应谱，那么这若干组地面运动记录就体现了从统计平均值到平均值加 2 倍标准差范围内的地面运动不确定性，将其输入给结构模型而获得结构地震反应也体现了客观、明确的不确定性。该方法与其他方法最显著的区别在于这种方法考虑了地面运动记录的不确定性，而且其不确定性程度可根据需要量化，因此称其为考虑地面运动不确定性的地面运动记录选择方法。

考虑地面运动不确定性的双向水平地面运动记录选择方法，也需要满足本书第 5 章提出的地面运动记录选择方法诸要素。该法的要点是：

（1）所选地面运动记录应体现结构周围地震环境的影响。

（2）选择由强震仪记录到的真实地面运动记录。

（3）以体现地面运动不同程度不确定性的多个反应谱为目标谱，如平均值、平均值加 1 倍标准差、平均值加 2 倍标准差的 BdM 谱。

（4）采用线性缩放法调整地面运动强度，要求备选地面运动记录的 BdM 谱和目标谱在结构被考察方向的基本周期处的差异不大于 20%。

（5）在结构感兴趣的周期范围内，所选地面运动记录需具有可靠的频谱信息。

（6）为每个目标谱选择 3~7 组地面运动记录。

（7）在上述要点（4）中，筛选地面运动记录时，以备选地面运动记录的 BdM 谱和目标谱相拟合。这意味着，所选出的地面运动记录在记录它的强震仪位于某个水平方位时才取得在该结构被考察主轴方向的基本周期处反应谱值与目标谱值相吻合。在输入该地面运动记录时，应旋转该方位角后输入给结构。

考虑地面运动不确定性的双向水平地面运动记录选择方法，执行步骤（见图 5-5）如下：

第一步，识别起控制作用的地面运动类型。根据结构动力特性和结构所处的地震环境，用概率地震危险性分析 PSHA（Probabilistic Seismic Hazard Analysis）[132~134]中的解聚处理（Deaggregation）[142,143]，来识别出该地震环境下对地震危险性起控制作用的地面运动类型，如用震级 M、距离 R 等参数表达。

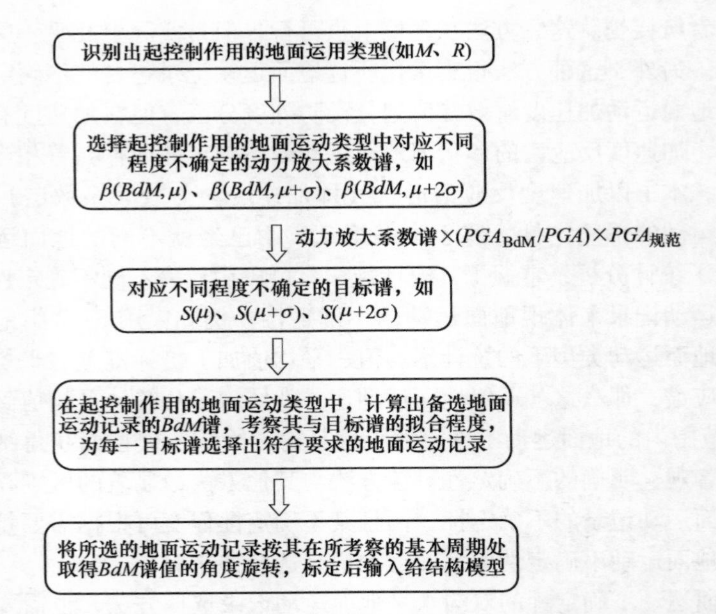

图 5-5　考虑地面运动不确定性的双向水平地面运动记录选择和标定方法使用过程示意图
（$PGA_{规范}$ 表示规范按设计烈度分区规定的加速度峰值）

第二步，选择体现不同程度不确定性的多个目标谱。对于特别重要的结构，如果设计者希望关心该结构在考虑一定地面运动不确定性后的地震反应分布范围，此时可将对地震风险起控制作用的地面运动类型下经统计得出的平均值、平均值加 1 倍标准差动力放大系数谱（即 $\beta(BdM,\ \mu)$、$\beta(BdM,\ \mu+\sigma)$）作为动力放大系数目标谱；根据需要，也可以更充分地考虑地面运动的不确定性，则以平均值、平均值加 1 倍标准差、平均值加 2 倍标准差的动力放大系数谱（即 $\beta(BdM,\ \mu)$、$\beta(BdM,\ \mu+\sigma)$、$\beta(BdM,\ \mu+2\sigma)$）作为动力放大系数谱目标谱。将我国规范[17,18]规定的地面运动加速度峰值乘以对应地面运动类型下 BdM 谱与单向加速度反应谱的零周期比值（即双向最大加速度峰值 PGA_{BdM} 与单向加速度峰值 PGA 的比值，见表 3-1 ~ 表 3-3），再将该值乘以动力放大系数目标谱 $\beta(BdM,\ \mu)$、$\beta(BdM,\ \mu+\sigma)$ 等，即得到目标谱。该目标谱在谱形状和谱值上均符合 BdM 概念，它在所有周期范围内均具有明确的、统一的统计意义，而且考虑了水平地面运动强度的方位特征。

那么，在拟合这些体现不同不确定性程度的统计反应谱而选出的地面运动记录中，自然就体现了相应程度的不确定性，由其激励后产生的结构地震反应也就具有了相应的分布范围，从而避免了拟合单一目标谱所导致的对地面运动不确定性的抹杀。因而，可获得该结构在其所处地震环境下考虑地面运动的不确定性后，结构可能遭遇地震反应的分布情况。

第三步，按起控制作用的地面运动类型，拟合各个目标谱，为每个目标谱选择 3~7 组双向水平地面运动记录。标定时，与基于 BdM 谱的双向水平地面运动记录选择和标定方法一样，要求备选地面运动记录的反应谱与目标谱的谱值物理意义相同。由于本方法的目标谱值也是 BdM 谱值，因此拟合时要求采用备选双向水平地面运动记录的 BdM 谱值。于是，在标定前，需先计算出每组备选水平地面运动记录的 BdM 谱，并标定该 BdM 谱，再去考察其与目标谱的拟合情况。拟合时，参考我国规范[17,18]的做法，控制两者在基本周期点上差距不超过 20%。

第四步，该选择地面运动记录方法的目标谱是 BdM 谱，拟合时为了保证备选地面运动记录和目标谱的谱值物理意义统一，采取控制两者在基本周期点处谱差异的方法。那么，选出的每组地面运动记录只有在某个特定的记录仪器放置方向下才可能贴近需要拟合的目标反应谱值。因此，在输入时也需要按该方向输入，才能实现目标谱、标定和输入时反应谱物理意义的统一。

另外，在选择水平地面运动记录时，确保在被考察结构感兴趣的周期范围内，所选择的地面运动记录的频谱信息足够可靠。被考察结构感兴趣的周期范围，视结构动力特性而定，如果结构高振型影响不可忽略，则该感兴趣的周期范围应该包括这些高振型的周期；另外，若该结构在该地震风险下可能进入一定程度的非线性，可能还需要考虑该结构进入非线性后等效周期的延长，感兴趣的周期范围应包括该延长的等效周期。

与预测结构地震反应平均值的双向水平地面运动记录选择和标定方法一样，执行一次本方法，可以预测结构在一定地震风险下某主轴方向的地震反应分布情况。如果需要获得结构在一定地震风险下另一主轴方向的地震反应分布，应针对该主轴方向的动力特性再执行一次本方法。

5.10 本 章 小 结

本章在详细汇总并整理当前单向、双向水平地面运动记录选择和标定方法后，综合分析其特点和不足，特别是分析了我国双向水平地面运动记录选择和标定方法中有待改进之处，提出合理的水平地面运动记录选择和标定方法应具备的基本要素，并在满足这些基本要素的前提下，考虑水平地面运动强度的方位特征；在 BdM 谱的基础上，提出了基于 BdM 谱的双向水平地面运动记录选择和标定的两种方法，分别用于预测结构在一定地震风险下的地震反应平均值和分布范围，并分别称为基于 BdM 平均谱的双向水平地面运动记录选择和标定方法、考虑水平地面运动不确定性的双向水平地面运动记录选择和标定方法。

6 结论与展望

6.1 全书总结

水平地面运动强度的方位特征，强烈影响着水平地面运动强度的取值。在结构的抗震设计中，应考虑水平地面运动强度的方位特征。而在结构的抗震设计方法中，该方位特征涉及设计反应谱、地面运动记录的选择和标定方法两个方面。鉴于目前国内尚缺乏对水平地面运动强度方位特征的研究成果，本书研究了水平地面运动强度的方位特征及其影响，并将其纳入结构抗震设计方法中进行考虑，包括在设计反应谱、地面运动记录的选择和标定方法中考虑该方位特征。

本书在考察了影响处理后地面运动记录可信周期范围的因素后，建立了最长可信周期均不小于10s的Ⅱ类场地地面运动记录数据库。在该数据库的基础上，考察了水平地面运动强度的方位特征，建议以BdM谱值作为表征水平地面运动强度的指标，并给出了BdM谱特性及其与单向加速度反应谱特性的差异。

本书从设防地震动的确定、水平地面运动强度指标的选择和设计反应谱的形状三个方面，梳理了我国和美国设计反应谱的发展历程，识别出其中能体现地震学者和地震工程学者对地震地面运动规律及其对结构地震反应影响规律的最新认识；并根据我国设计反应谱与这些最新认识之间的差距，结合我国设计反应谱与BdM谱的差异，为今后我国设计反应谱的发展方向提出建议，特别是在其中考虑水平地面运动强度的方位特征。

本书在汇总并整理当前地面运动记录选择和标定方法后，提出了选择和标定地面运动记录时需遵循的要素；并且，考虑水平地面运动强度的方位特征后，在BdM谱特性的基础上，按预测结构地震反应平均值和分布情况的需要，分别提出了两种双向水平地面运动记录选择和标定方法。

本书得出的主要结论如下：

（1）强震仪记录到的地面运动记录，存在噪声污染，经过基线调整、高通滤波等处理手段后，可以降低噪声对地震信号的污染程度。处理后记录的噪声影响足够小的周期范围（即可信周期范围）受记录仪器自身特点、地震事件本身特性和记录处理过程中采用的参数的影响。在选用地面运动记录时，建议所选地面运动记录的最长可信周期不小于结构感兴趣的周期。

（2）BdM谱值，是某周期和阻尼比下考虑了记录仪器所有可能水平放置方位下的水平加速度时程对应的所有单向加速度反应谱值的最大值。无论记录仪器水平放置方位如何，BdM 谱值均可给出一个地震事件中在一个记录台站处的水平地面运动强度的唯一代表值，而且是工程结构抗震设防最关注的最大地震风险代表值。

（3）分析Ⅱ类场地不同类型地面运动的 BdM 谱和单向加速度反应谱 Und 谱特性后，发现同一地面运动类型下具有：1）对于相同阻尼比下的同一周期处谱值，前者的平均值和标准差分别为后者的 1.2~1.4 倍和 1.1~1.4 倍；2）两者在谱形上相似，但前者的动力放大系数普遍大于后者的动力放大系数，且随着周期的增大，两者差距也在增大；3）相同阻尼比、相同周期下，前者的谱值大小和谱形状的变异性均小于后者的谱值大小和谱形状的变异性；4）双向最大加速度峰值 PGA_{BdM} 和单向加速度峰值 PGA 两者平均值的比值在 1.2 左右。

（4）与 BdM 谱相比，我国规范Ⅱ类场地设计反应谱的特征周期明显偏小，其谱值在第一衰减段普遍偏小，在第二衰减段可能小于也可能大于一些地面运动类型的 BdM 谱值。

（5）从设防地震动的确定、设计反应谱的形状和水平地面运动强度指标等角度来说，相对于目前对地震动及其对结构的影响规律的最新认识，我国设计反应谱尚存在一定的改进空间。为使得我国各地结构经过抗震设计后具有统一的抗震安全性，本书对我国设计反应谱给出如下建议：1）采用 50 年超越概率 2%的地震动为抗倒塌的风险水平，取其值的 1/1.9 作为基本地震动；2）通过研究获得各地的风险系数，使得各地工程结构根据该风险系数和上述基本地震动进行抗震设防后，在罕遇地震作用下的倒塌风险趋于一致；3）地震动参数区划图中采用 BdM 谱值作为水平地面运动强度指标；4）设计反应谱的形状体现 BdM 谱的形状特征。同时，给出了以 BdM 谱作为设计反应谱时有待进一步寻找解决方案的问题。

（6）在 BdM 谱特性的基础上，针对预测结构地震反应中值的需要，提出了基于 BdM 平均谱的双向水平地面运动记录选择和标定方法。

（7）在 BdM 谱统计规律的基础上，针对预测结构地震反应分布情况的需要，提出了考虑地面运动不确定性的双向水平地面运动记录选择和标定方法。

6.2 本书主要创新点

（1）依据建立的Ⅱ类场地强地面运动记录数据库，给出了Ⅱ类场地双向最大加速度反应谱（BdM 谱）特性及其与单向加速度反应谱特性的差异。

（2）从设防地震动的确定、设计反应谱的形状和水平地面运动强度指标等角度对我国设计反应谱进行考察，并就其今后的发展方向提出如下建议：1）采用 50 年超越概率 2%的地震动为抗倒塌的风险水平，取其值的 1/1.9 作为基本地震动；2）地震动参数区划图中采用双向最大加速度反应谱值（BdM 谱值）作为水平地面运动强度指标；3）设计反应谱的形状以双向最大加速度反应谱（BdM 谱）形状为基础。

（3）在 BdM 谱特性的基础上，针对预测结构在一定地震风险下地震反应平均值和分布范围的需要，分别提出了两种双向水平地面运动记录选择和标定方法，即基于 BdM 平均谱的双向水平地面运动记录选择和标定方法以及考虑地面运动不确定性的双向水平地面运动记录选择和标定方法。这两种方法实现了以体现双向地面运动强度的反应谱为目标谱来选择和标定双向水平地面运动记录，并实现了目标谱和备选地面运动记录反应谱谱值物理意义的统一。

6.3 对后续研究工作的展望

由于本书属于具有一定开创性的研究工作，后续还有一些值得进一步研究的内容如下：

（1）本书在考察双向最大加速度反应谱特性及其与单向加速度反应谱特性的差异时，建立的强地面运动数据库中仅包含了Ⅱ类场地地面运动记录，因而本书仅获得了Ⅱ类场地双向最大加速度反应谱 BdM 谱特性及其与单向加速度反应谱特性的差异规律。在后续的研究工作中，可以增加Ⅰ、Ⅲ、Ⅳ类场地强地面运动数据库，考察Ⅰ、Ⅲ、Ⅳ类场地双向最大加速度反应谱 BdM 谱特性及其与单向加速度反应谱特性的差异。加上本书的Ⅱ类场地研究结果后，形成囊括Ⅰ、Ⅱ、Ⅲ、Ⅳ类场地的双向最大加速度反应谱 BdM 谱特性及其与单向加速度反应谱特性的差异规律。在此基础上，可进一步提出适用于Ⅰ、Ⅱ、Ⅲ、Ⅳ类场地的双向水平地面运动记录选择和标定方法的完整体系。

（2）本书仅考察了Ⅱ类场地双向最大加速度反应谱特性及其与单向加速度反应谱特性的差异，尚未考察双向最大速度反应谱、位移反应谱的特性及其与单向速度反应谱、位移反应谱特性的差异。在后续的研究工作中，可以补充Ⅰ、Ⅱ、Ⅲ、Ⅳ类场地的双向最大速度反应谱、位移反应谱的特性及其与单向速度反应谱、位移反应谱特性的差异研究。

参考文献

[1] Biot M A. A mechanical analyzer for the prediction of earthquake stresses [J]. Bulletin of the Seismological Society of America, 1941, 31 (2): 151~171.

[2] Housner G W. Behaviour of structures during earthquakes [J]. Journal of the Engineering Mechanics Division Asce. 1959, 85 (4): 109~130.

[3] Boore D M, Joyner W B, Fumal T E. Equations for estimating horizontal response spectra and peak acceleration from Western North American earthquakes: a summary of recent work [J]. Seismological Research Letters. 1997, 68 (1): 128~153.

[4] Sadigh K, Chang C Y, Egan J A, et al. Attenuation relationships for shallow crustal earthquakes based on California strong motion data [J]. Seismological Research Letters, 1997, 68 (1): 180~189.

[5] Abrahamson N A, Silva W J. Empirical response spectral attenuation relations for shallow crustal earthquakes [J]. Seismological Research Letters, 1997, 68 (1): 94~127.

[6] Boore D M, Watson-Lamprey J, Abrahamson N A. Orientation-independent measures of ground motion [J]. Bulletin of the Seismological Society of America. 2006, 96 (4A): 1502~1511.

[7] Huang Y N, Whittaker A S, Luco N. Maximum spectral demands in the near-fault region [J]. Earthquake Spectra, 2008, 24 (1): 319~341.

[8] Beyer K, Bommer J J. Relationships between median values and between aleatory variabilities for different definitions of the horizontal component of motion [J]. Bulletin of the Seismological Society of America, 2006, 96 (4A): 1512~1522.

[9] Campbell K W, Bozorgnia Y. NGA Ground Motion Model for the Geometric Mean Horizontal Component of PGA, PGV, PGD and 5% Damped Linear Elastic Response Spectra for Periods Ranging from 0. 01 to 10s [J]. Earthquake Spectra, 2008, 24 (1): 139~171.

[10] NEHRP 2009. NEHRP Recommended seismic provisions for new buildings and other structures [S]. Washington D. C. : Building Seismic Safety Council, 2009.

[11] ASCE 7-10. Minimum design loads for buildings and other structures [S]. Reston, Virginia: American Society of Civil Engineers, 2010.

[12] Stewart J P, Abrahamson N A, Atkinson G M, et al. Representation of bidirectional ground motions for design spectra in building codes [J]. Earthquake Spectra, 2011, 27 (3): 927~937.

[13] Petersen M D, Moschetti M P, Powers P M, et al. Documentation for the 2014 update of the United States National Seismic Hazard Maps [R]. U. S. Geological Survey, 2014.

[14] Bozorgnia Y, Abrahamson N A, Atik L A, et al. NGA-West2 research project [J]. Earthquake Spectra, 2014, 30 (3): 973~987.

[15] NEHRP 2015. NEHRP Recommended Seismic Provisions for New Buildings and Other Structures Volume I: Part 1 Provisions, Part 2 Commentary FEMA P-1050-1/2015 Edition [S]. Washington D. C. : Building Seismic Safety Council, 2015.

[16] NEHRP 2015. NEHRP Recommended seismic provisions for new buildings and other structures

Volume Ⅱ: Part 3 Resource Papers FEMA P-1050-2/2015 Edition [S]. Washington D. C.: Building Seismic Safety Council, 2015.

[17] GB 50011—2010. 建筑抗震设计规范 [S]. 北京：中国建筑工业出版社，2010.

[18] JGJ 3—2010. 高层建筑混凝土结构技术规程 [S]. 北京：中国建筑工业出版社，2010.

[19] EC8. Eurocode 8: Design of structures for earthquake resistance-Part 1: General Rules, Seismic Actions and Rules for Buildings [S]. Brussels: European Committee for Standardization, 2004.

[20] NZS 1170. 5: 2004. Structure design action Part 5: Earthquake Actions-New Zealand [S]. Wellington, New Zealand: Standards New Zealand, 2004.

[21] NZS 1170. 5. S1: 2004. Structural design actions, Part 5: Earthquakes actions-New Zealand-Commentary [S]. Wellington, New Zealand: Standards New Zealand, 2004.

[22] 李英民，赖明，白绍良. 从结构抗震设计理论看地震动输入 [C]. 第十一届全国结构工程学术会议. 中国长沙：中国力学学会结构工程专业委员会，2002：549~554.

[23] 王亚勇，刘小弟，程民宪. 建筑结构时程分析法输入地震波的研究 [J]. 建筑结构学报，1991，12 (2)：51~60.

[24] 王亚勇，程民宪，刘小弟. 结构抗震时程分析法输入地震记录的选择方法及其应用 [J]. 建筑结构，1992 (5)：3~7.

[25] 王亚勇. 关于设计反应谱、时程法和能量方法的探讨 [J]. 建筑结构学报，2000，21 (1)：21~28.

[26] 杨红，王建辉，白绍良. 双向地震作用对框架柱端弯矩增大系数的影响分析 [J]. 土木工程学报，2008，41 (9)：40~47.

[27] 杨红，朱振华，白绍良. 双向地震作用下我国"强柱弱梁"措施的有效性评估 [J]. 土木工程学报，2011，44 (1)：58~64.

[28] 李宏男. 结构多维抗震理论与设计方法 [M]. 北京：科学出版社，1998.

[29] 魏琏，王森，韦承基. 水平地震作用下不对称不规则结构抗扭设计方法研究 [J]. 建筑结构，2005，35 (8)：12~17.

[30] Chowdhury R, Rao B N, Prasad A M. Hysteresis model for RC structural element accounting bi-directional lateral load interaction [C]. Proceedings of the ASME Pressure Vessels and Piping Division Conference. Denver, Colorado USA, 2005: 1~8.

[31] 谢礼立，周雍年，胡成祥，等. 地震动反应谱的长周期特性 [J]. 建筑结构学报，1990，10 (1)：1~20.

[32] 周雍年，周正华，于海英. 设计反应谱长周期区段的研究 [J]. 地震工程与工程振动，2004，34 (2)：15~18.

[33] 翁大根，徐植信. 上海地区抗震设计反应谱研究 [J]. 同济大学学报，1993，21 (1)：9~16.

[34] 翁大根，徐植信. 对上海市抗震设计反应谱及时程曲线的认识——答"关于上海市《建筑抗震设计规程》中长周期设计反应谱的讨论" [J]. 地震工程与工程振动，2001，21 (1)：79~83.

[35] GB 50011—2001. 建筑抗震设计规范 [S]. 北京：建筑工业出版社，2001.

[36] 王君杰，范立础．规范反应谱长周期部分修正方法的探讨［J］．土木工程学报，1998，31（6）：49~55.

[37] 俞言祥，汪素云．1996年11月9日南黄海地震的长周期地震动反应谱［J］．地震工程与工程振动，1997，17（4）：364~370.

[38] 俞言祥，胡聿贤，潘华．地震震源机制对长周期地震动的影响研究［J］．岩石力学与工程学报，2005，24（17）：3113~3118.

[39] 汪素云，俞言祥，吕红山．利用中国数字地震台网宽频带记录研究长周期地震动反应谱特性［J］．振动与冲击，1998，20（5）：481~488.

[40] 张小平，刘溯，刘超，等．设计地震动反应谱长周期区段确定方法的探讨［J］．防灾减灾学报，2011，27（4）：14~19.

[41] 曹加良，施卫星，刘文光，等．长周期结构相对位移反应谱研究［J］．振动与冲击，2011，30（7）：63~70.

[42] 胡聿贤．GB 18306—2001《中国地震动参数区划图》宣贯教材［M］．北京：中国标准出版社，2001.

[43] GB 18306—2001. 中国地震动参数区划图［S］．北京：国家质量技术监督局，2001.

[44] GB 18306—2015. 中国地震动参数区划图［S］．北京：中国标准出版社，2015.

[45] 高孟潭．GB 18306—2015《中国地震动参数区划图》宣贯教材［M］．北京：中国质检出版社，中国标准出版社，2015.

[46] TJ 11—74. 工业与民用建筑抗震设计规范（试行）［S］．北京：中国建筑工业出版社，1974.

[47] TJ 11—78. 工业与民用建筑抗震设计规范［S］．北京：中国建筑工业出版社，1979.

[48] GBJ 11—89. 建筑抗震设计规范［S］．北京：中国建筑工业出版社，1989.

[49] 国家标准建筑抗震设计规范管理组．建筑抗震设计规范（GBJ 50011—2010）统一培训教材［M］．北京：地震出版社，2010.

[50] 王亚勇．关于建筑抗震设计最小地震剪力系数的讨论［J］．建筑结构学报，2013，34（2）：37~44.

[51] 周锡元，齐微，徐平，等．震级、震中距和场地条件对反应谱特性影响的统计分析［J］．北京工业大学学报，2006，32（2）：97~103.

[52] NEHRP 273. NEHRP Guidelines for the seismic rehabilitation of buildings [S]. Washington D. C.: Building Seismic Safety Council, 1997.

[53] NEHRP 274. NEHRP Commentary on the guidelines for the seismic rehabilitation of buildings [S]. Washington D. C.: Building Seismic Safety Council, 1997.

[54] NEHPR 2000. NEHRP Recommended provisions for seismic regulations for new buildings and other structures (2000 edition), Part 1: provisions (FEMA 368) [S]. Washington D. C.: Building seismic safety council, 2001.

[55] NEHPR 2000. NEHRP Recommended provisions for seismic regulations for new buildings and other structures, Part 2: Commentary (FEMA 369) [S]. Washington D. C.: Building Seismic Safety Council, 2001.

[56] ASCE 7-02. Minimum Design Loads for Buildings and Other Structures [S]. Reston, Virginia:

American Society of Civil Engineers，2002.

[57] NEHRP 2003. NEHRP Recommended provisions for seismic regulations for new buildings and other structures (FEMA 450)，Part 1：Provisions [S]. Washington D. C.：Building Seismic Safety Council，2004.

[58] NEHRP 2003. NEHRP Recommended provisions for seismic regulations for new buildings and other structures (FEMA 450)，Part 2：Commentary [S]. Washington D. C.：Building Seismic Safety Council，2004.

[59] ASCE 7-05. Minimum design loads for buildings and other structures [S]. Reston，Virginia：American Society of Civil Engineers，2005.

[60] Petersen M D，Frankel A D，Harmsen S C，et al. Documentation for the 2008 Update of the United States National Seismic Hazard Maps [R]. Reston，Virginia：2008 Contract No.：Open-File Report 2008~1128.

[61] Boore D M. Orientation-independent，nongeometric-mean measures of seismic intensity from two horizontal components of motion [J]. Bulletin of the Seismological Society of America，2010，100 (4)：1830~1835.

[62] 翟长海，谢礼立．估计和比较地震动潜在破坏势的综合评述 [J]．地震工程与工程振动，2002，22 (5)：1~7.

[63] 谢礼立，翟长海．最不利设计地震动研究 [J]．地震学报，2003，25 (3)：250~261.

[64] 翟长海，谢礼立．抗震结构最不利设计地震动研究 [J]．土木工程学报，2005，38 (12)：51~58.

[65] 杨溥，李英民，赖明．结构时程分析法输入地震波的选择控制指标 [J]．土木工程学报，2000，33 (6)：33~37.

[66] 胡文源，邹晋华．时程分析法中有关地震波选取的几个注意问题 [J]．南方冶金学院学报，2003，24 (4)：25~28.

[67] 高学奎．近场地震动输入问题的研究 [J]．华北科技学院学报，2005，2 (3)：80~83.

[68] Baker J W，Cornell C A. Vector-valued ground motion intensity measures for probabilistic seismic demand analysis [R]. Stanford，CA：Stanford University，2005.

[69] Baker J W，Cornell C A. Which spectral acceleration are you using? [J]. Earthquake Spectra，2006，22 (2)：293~312.

[70] Baker J W，Cornell C A. Spectral shape，epsilon and record selection [J]. Earthquake Engineering & Structural Dynamics，2006，35 (9)：1077~1095.

[71] Baker J W，Cornell C A. A vector-valued ground motion intensity measure consisting of spectral acceleration and epsilon [J]. Earthquake Engineering & Structural Dynamics，2005，34 (10)：1193~1217.

[72] Baker J W. Conditional mean spectrum：Tool for ground-motion selection [J]. Journal of Structural Engineering，2010，137 (3)：322~331.

[73] Haselton C B，Whittaker A S，Hortacsu A，et al. Selecting and scaling earthquake ground motions for performing response-history analyses [C]. Proceedings of the 15th World Conference on Earthquake Engineering，2012.

[74] 王国新，李宏男，赵真，等．结构动力反应分析中的地震动输入问题研究［J］．沈阳建筑大学学报（自然科学版），2008，24（6）：993~998.

[75] 王国新，鲁建飞．工程结构地震反应与地震动输入关系研究［J］．防灾减灾工程学报，2010，30（S1）：41~44.

[76] 王国新，鲁建飞．地震动输入的选取与结构响应研究［J］．沈阳建筑大学学报（自然科学版），2012，28（1）：15~22.

[77] FEMA P695. Quantification of building seismic performance factors [R]. Redwood City, California: Applied Technology Council, 2009.

[78] PEER-2010/05. Guidelines for performance-based seismic design of tall buildings [S]. Berkeley, California: Pacific Earthquake Engineering Research Center, 2010.

[79] 杨红，任小军，徐海英．双向水平地震下时程分析法中输入波的选择［J］．华南理工大学学报（自然科学版），2010，38（11）：40~46.

[80] Boore D M, Bommer J J. Processing of strong-motion accelerograms: Needs, options and consequences [J]. Soil Dynamics and Earthquake Engineering, 2005, 25 (2): 93~115.

[81] Trifunac M D. Analysis of errors in digitized strong-motion accelerograms [J]. Bulletin of the Seismological Society of America, 1973, 63 (1): 157~187.

[82] Trifunac M D, Lee V W. Routine computer processing of strong-motion accelerograms [R]. Pasadena: Report EERL 73~03, 1973.

[83] 俞言祥．长周期地震动衰减关系研究［D］．北京：中国地震局地球物理研究所，2002.

[84] 周雍年，章文波，于海英．数字强震仪记录的长周期误差分析［J］．地震工程与工程振动，1997，17（2）：1~9.

[85] 于海英，江汶乡，解全才，等．近场数字强震仪记录误差分析与零线校正方法［J］．地震工程与工程振动，2009，29（6）：1~12.

[86] Iwan W D, Moser M A, Peng Chia-Yen. Some observations on strongmotion earthquake measurement using a digital accelerograph [J]. Bulletin of the Seismological Society of America, 1985, 75: 1225~1246.

[87] Converse A M, Brady A G. BAP: Basic strong-motion accelerogram processing software; Version 1.0 [R]. Denver, Colorado: Books and Open-File Report 92-296A. Denver, Colorado: U. S. Geological Survey, 1992.

[88] Boore D M, Stephens C D, Joyner W B. Comments on baseline correction of digital strong-motion data: Examples from the 1999 Hector Mine, California, earthquake [J]. Bulletin of the Seismological Society of America, 2002, 92 (4): 1543~1560.

[89] CP-2005/01. Guidelines and recommendations for strong-motion record processing and commentary [S]. Richmond, California: Consortium of Organizations for Strong-Motion Observation Systems, 2005.

[90] 江汶乡．进场强震加速度记录的校正处理方法［D］．哈尔滨：中国地震局工程力学研究所，2010.

[91] Boore D M, Sisi A A, Akkar S. Using pad-stripped acausally filtered strong-motion data [J]. Bulletin of the Seismological Society of America, 2012, 102 (2): 751~760.

[92] Spudich P, Joyner W B, Lindh A G, et al. SEA99: A revised ground motion prediction relation for use in extensional tectonic regimes [J]. Bulletin of the Seismological Society of America, 1999, 89 (5): 1156~1170.

[93] 俞言祥，胡聿贤．关于上海市《建筑抗震设计规程》中长周期设计反应谱的讨论［J］．地震工程与工程振动，2000，20（1）：27~34.

[94] 俞言祥．长周期地震动研究综述［J］．国际地震动态，2004（7）：1~5.

[95] 俞言祥，汪素云，胡聿贤．用宽频带数字记录计算长周期地震动反应谱［C］．庆祝中国地震学会成立20周年大会．中国北京，1999：113~121.

[96] 于海英，韦良杰．强震动记录误差分析和校正方法综述［J］．仪器仪表学报，2007，28（4）：175~177.

[97] Wang G Q, Boore D M, Tang G, et al. Comparisons of ground motions from colocated and closely spaced one-sample-per-second Global Positioning System and accelerograph recordings of the 2003 M 6.5 San Simeon, California, earthquake in the Parkfield region [J]. Bulletin of the Seismological Society of America, 2007, 97 (1B): 76~90.

[98] PEER. Users manual for the PEER ground motion database web application [M]. California Pacific Earthquake Engineering Research Center, 2011.

[99] Ancheta T D, Darragh R B, Stewart J P, et al. PEER NGA-West2 Database [R]. Berkeley, California: Pacific Earthquake Engineering Research Center, 2013.

[100] 周雍年．震级、震中距和场地条件对地面运动反应谱的影响［J］．地震工程与工程振动，1984，4（4）：14~21.

[101] PEER. NAG database with records orientated in fault-normal and fault-parallel orientation [R]. Berkeley, California: Pacific Earthquake Engineering Research, 2005.

[102] Penzien J, Watabe M. Characteristics of 3-dimensional earthquake ground motions [J]. Earthquake Engineering & Structural Dynamics, 1975, 3: 365~373.

[103] Sabetta F, Pugliese A. Estimation of response spectra and stimulation of nonstationary earthquake gound motions [J]. Bulletin of the Seismological Society of America, 1996, 86 (2): 337~352.

[104] Shahi S K, Baker J W. NGA-West2 models for ground-motion directionality [J]. Earthquake Spectra, 2014, 30 (3): 1285~1300.

[105] 胡聿贤．地震工程学［M］．2版．北京：地震出版社，2006.

[106] 胡聿贤，张敏政．缺乏强震观测资料地区地震动参数的估算方法［J］．地震工程与工程振动，1984，4（1）：1~11.

[107] NEHRP 1994. NEHRP Recommended provisions for seismic regulations for new buildings [S]. Washington, D.C.: Building Seismic Safety Council, 1995.

[108] Frankel A, Mueller C, Barnhard T, et al. National Seismic-Hazard Maps: Documentation June 1996 [S]. Denver, CO: U.S. Geological Survey, 1996.

[109] ATC 3-06. Tentative provisions for the development of seismic regulations for buildings [S]. Palo Alto, California: Applied Technology Council, 1978.

[110] Luco Nicolas, Ellingwood Bruce R, Hamburger Ronald O, et al. Risk-Targeted versus

Current Seismic Design Maps for the Conterminous United States [C]. Structural Engineers Association of California 2007 Convention Preceedings; 2007; California: Structural Engineers Association of California.

[111] Frankel A D, Petersen M D, Mueller C S, et al. Documentation for the 2002 Update of the National Seismic Hazard Maps [R]. Denver, Colorado; Memphis, Tennessee: 2002 Contract No.: Open-File Report 2~420.

[112] Atkinson G M, Boore D M. Ground motion relations for eastern North America [J]. Bulletin of the Seismological Society of America, 1995, 85 (1): 17~30.

[113] Campbell K W. Prediction of strong ground motion using the hybrid empirical method and its use in the development of ground-motion (attenuation) relations in eastern north america [J]. Bulletin of the Seismological Society of America, 2003, 93 (3): 1012~1033.

[114] Campbell K W, Bozorgnia Y. Updated nearsource ground motion (attenuation) relations for the horizontal and vertical components of peak ground acceleration and acceleration response spectra [J]. Bulletin of the Seismological Society of America, 2003, 93 (1): 314~331.

[115] Watson-Lamprey J A, Boore D M. Beyond Sa_{GMRotI} conversion to Sa_{Arb}, Sa_{SN}, and Sa_{MaxRot} [J]. Bulletin of the Seismological Society of America, 2007, 97 (5): 1511~1524.

[116] Chiou B, Darragh R, Gregor N, et al. NGA Project Strong-Motion Database [J]. Earthquake Spectra, 2008, 24 (1): 23~44.

[117] Rezaeian S, Petersen M D, Moschetti M P, et al. Implementation of NGA-West2 ground motion models in the 2014 US national seismic hazard maps [J]. Earthquake Spectra, 2014, 30 (3): 1319~1333.

[118] Shahi S K, Baker J W. NGA-West2 models for ground-motion directionality [R]. University of California, Berkeley: Pacific Earthquake Engineering Research Center, 2013.

[119] Campbell K W, Bozorgnia Y. NGA-West2 ground motion model for the average horizontal components of PGA, PGV, and 5%-damped linear acceleration response spectra [J]. Earthquake Spectra, 2014, 30 (3): 1087~1115.

[120] Bozorgnia Y, Abrahamson N A, Atik L A, et al. Ancheta et al. NGA-West2 research project [J]. Earthquake Spectra, 2014, 30 (3): 973~987.

[121] GB 50223—2008. 建筑工程抗震设防分类标准 [S]. 北京: 中国建筑工业出版社; 2008.

[122] 陈厚群, 郭明珠. 重大工程场地设计地震动参数选择 [C]. 第六届全国地震工程学会会议; 南京: 现代地震工程进展, 2002: 25~39.

[123] CECS 392: 2014. 建筑结构抗倒塌设计规范 [S]. 北京: 中国计划出版社, 2014.

[124] GB 17740—1999. 地震震级的规定 [S]. 北京: 国家质量技术监督局, 1999.

[125] Boore D M, Atkinson G M. Ground-motion prediction equations for the average horizontal component of PGA, PGV, and 5%-damped PSA at spectral periods between 0.01s and 10.0s [J]. Earthquake Spectra, 2008, 24 (1): 99~138.

[126] 肖明葵, 刘纲, 白绍良. 基于能量反应的地震动输入选择方法讨论 [J]. 世界地震工程, 2006, 22 (3): 89~94.

[127] 曲哲, 叶列平, 潘鹏. 建筑结构弹塑性时程分析中地震动记录选取方法的比较研究

[J]. 土木工程学报, 2011, 44 (7): 10~21.

[128] Stewart J P, Chiou S J, Bray J D, et al. Ground motion evaluation procedures for performance-based design [J]. Soil dynamics and earthquake engineering, 2002, 22 (9): 765~772.

[129] Stewart J P, Chiou S J, Bray J D, et al. Ground motion evaluation procedures for performance-based design [R]. California: University of California, Berkeley, 2001.

[130] Bommer J J, Acevedo A B. The use of real earthquake accelerograms as input to dynamic analysis [J]. Journal of Earthquake Engineering, 2004, 8 (SI1): 43~91.

[131] Haselton C B. Evaluation of ground motion selection and modification methods: Predicting median interstory drift response of buildings [R]. California: University of California, Berkeley, 2009.

[132] Cornell C A. Engineering seismic risk analysis [J]. Bulletin of the Seismological Society of America, 1968, 158 (5): 1583~1606.

[133] Baker J W. An introduction to probabilistic seismic hazard analysis (PSHA) [R]. 2008.

[134] McGuire R K. Probabilistic seismic hazard analysis and design earthquakes: Closing the loop [J]. Bulletin of the Seismological Society of America, 1995, 85 (5): 1275~1284.

[135] Beyer K, Bommer J J. Selection and scaling of real accelerograms for bi-directional loading: A review of current practice and code provisions [J]. Journal of Earthquake Engineering, 2007, 11: 13~45.

[136] Luco N, Bazzurro P. Effects of earthquake record scaling on nonlinear structural response [R]. Berkeley, California: Pacific Earthquake Engineering Research Center, 2005.

[137] Bazzurro P, Luco N. Do scaled and spectrum-matched near-source records produce biased nonlinear structural responses? [C]. Proceedings of the 8th US national conference on earthquake engineering, San Francisco, California, 2006.

[138] Luco N, Bazzurro P. Does amplitude scaling of ground motion records result in biased nonlinear structural drift responses? [J]. Earthquake Engineering & Structural Dynamics, 2007, 36 (13): 1813~1835.

[139] Shome N, Cornell C A, Bazzuro P, et al. Earthquakes, records, and nonlinear responses [J]. Earthquake Spectra, 1998, 14 (3): 469~500.

[140] Iervolino Iunio, Cornell C A. Record selection for nonlinear seismic analysis of strutures [J]. Earthquake Spectra, 2005, 21 (3): 685~713.

[141] NIST GCR 11-917-15. Selecting and scaling earthquake ground motions for performing response-history analysis [R]. Gaithersburg, MD: National Institute of Standards and Technology, 2011.

[142] Bazzurro P, Cornell A C. Disaggregation of seismic hazard [J]. Bulletin of the Seismological Society of America, 1999, 89 (2): 501~520.

[143] Lin T, Baker J. Probabilistic seismic hazard deaggregations of ground motion prediction models [C]. 5th international conference on earthquake geotechnical engineering; 2011; Santlago, chile.

[144] 高冲．多点激励人工波模拟及在大跨度结构中的应用［D］．大连：大连理工大学，2008.

[145] Douglas J，Aochi H. A survey of techniques for predicting earthquake ground motions for engineering purposes［J］．Surveys in Geophysics，2008，29（3）：187~220.

[146] 胡聿贤．地震安全性评价技术教程［M］．北京：地震出版社；1999.

[147] 俞言祥，汪素云．中国东部和西部地区水平向基岩加速度反应谱衰减关系［J］．震灾防御技术，2006，1（3）：206~217.

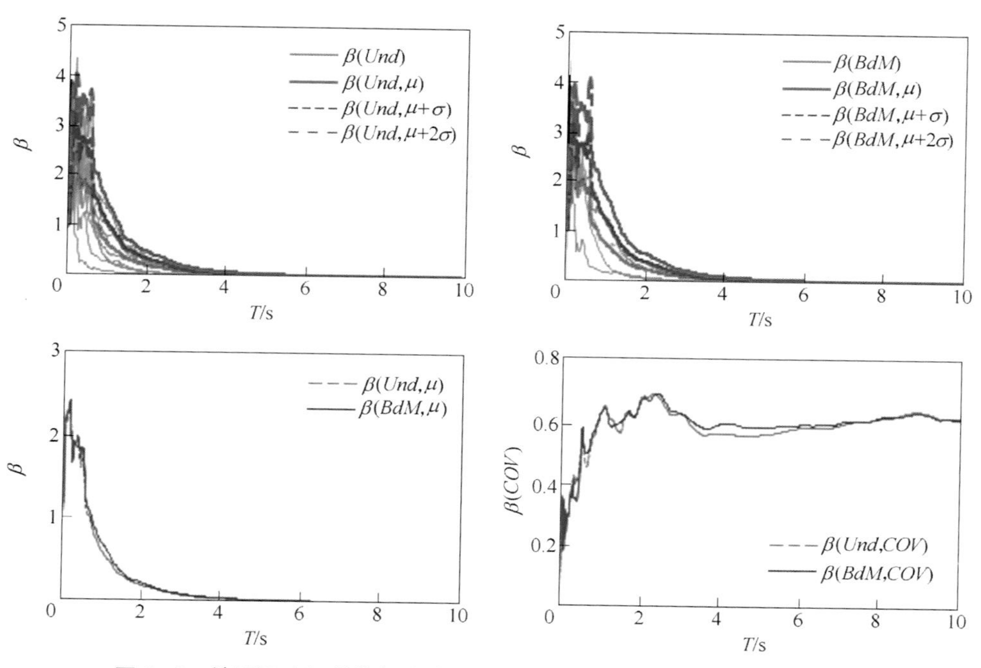

图 3-6　地面运动记录的加速度动力放大系数 β 谱（M5~6，R0~10）

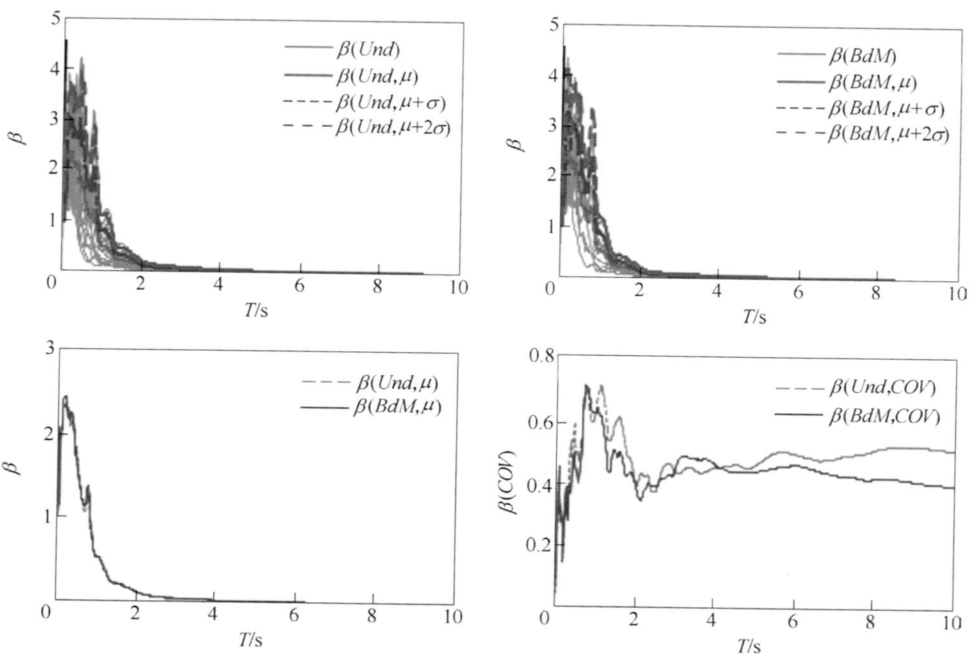

图 3-7　地面运动记录的加速度动力放大系数 β 谱（M5~6，R10~20）

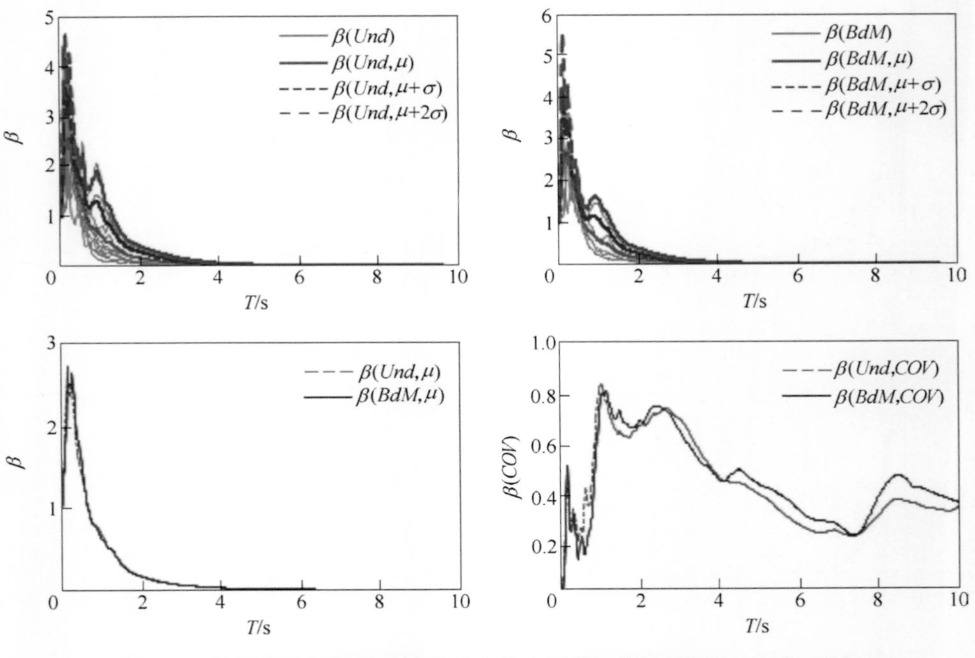

图 3-8　地面运动记录的加速度动力放大系数 β 谱（$M5\sim6$，$R20\sim30$）

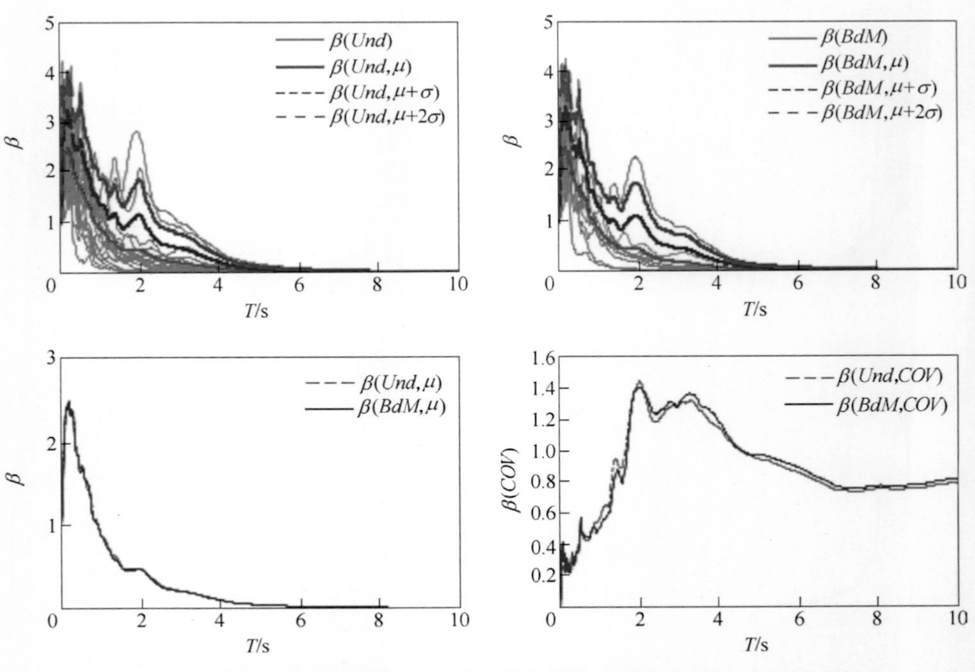

图 3-9　地面运动记录的加速度动力放大系数 β 谱（$M5\sim6$，$R30\sim40$）

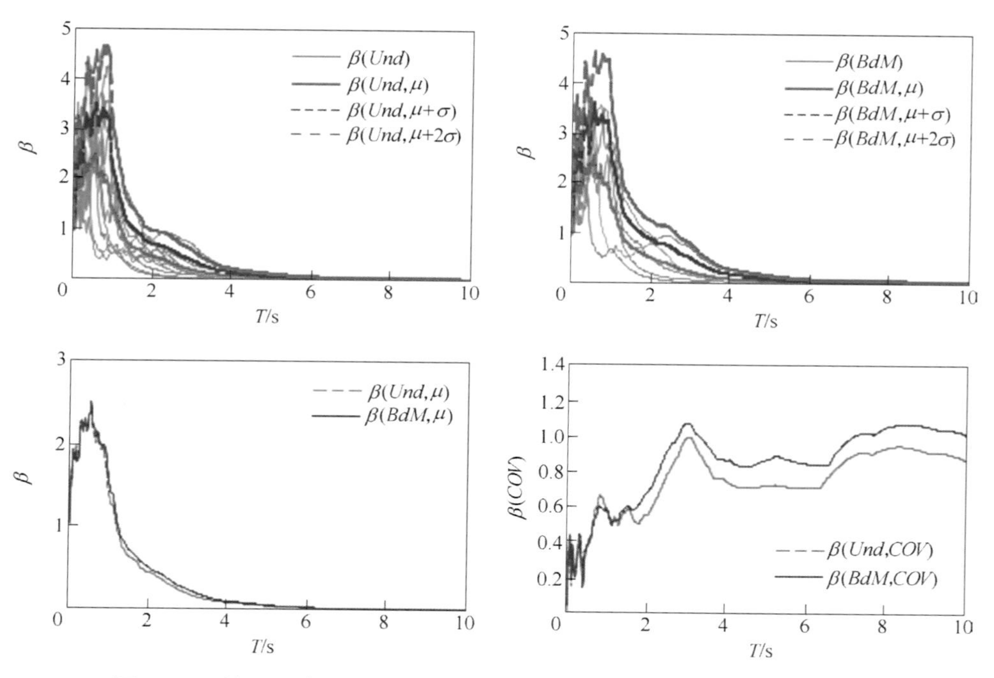

图 3-10　地面运动记录的加速度动力放大系数 β 谱（M5~6，R40~50）

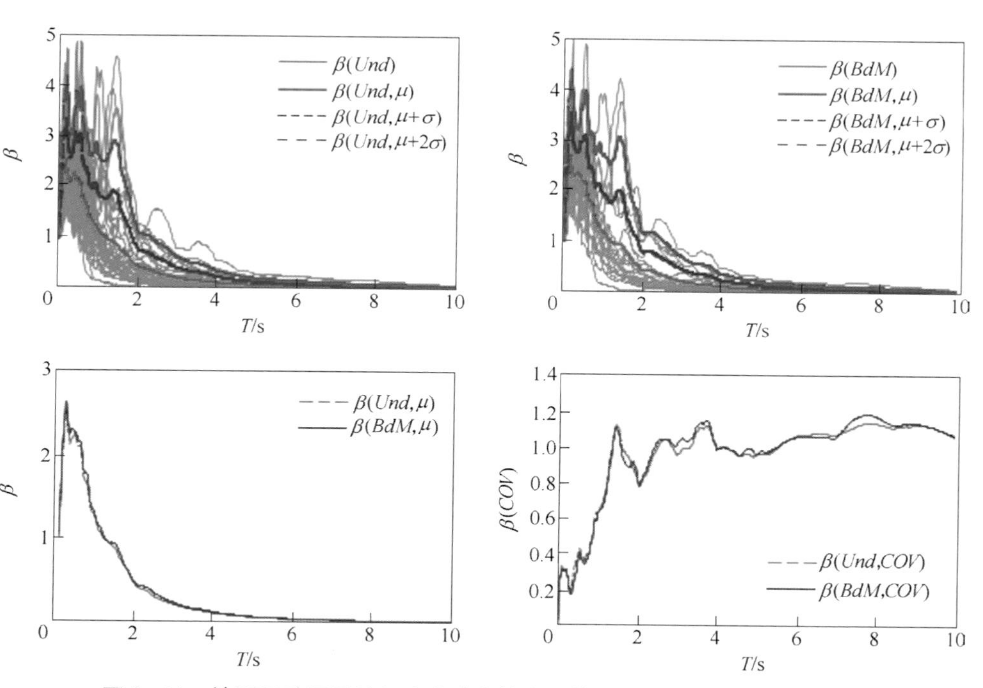

图 3-11　地面运动记录的加速度动力放大系数 β 谱（M5~6，R50~90）

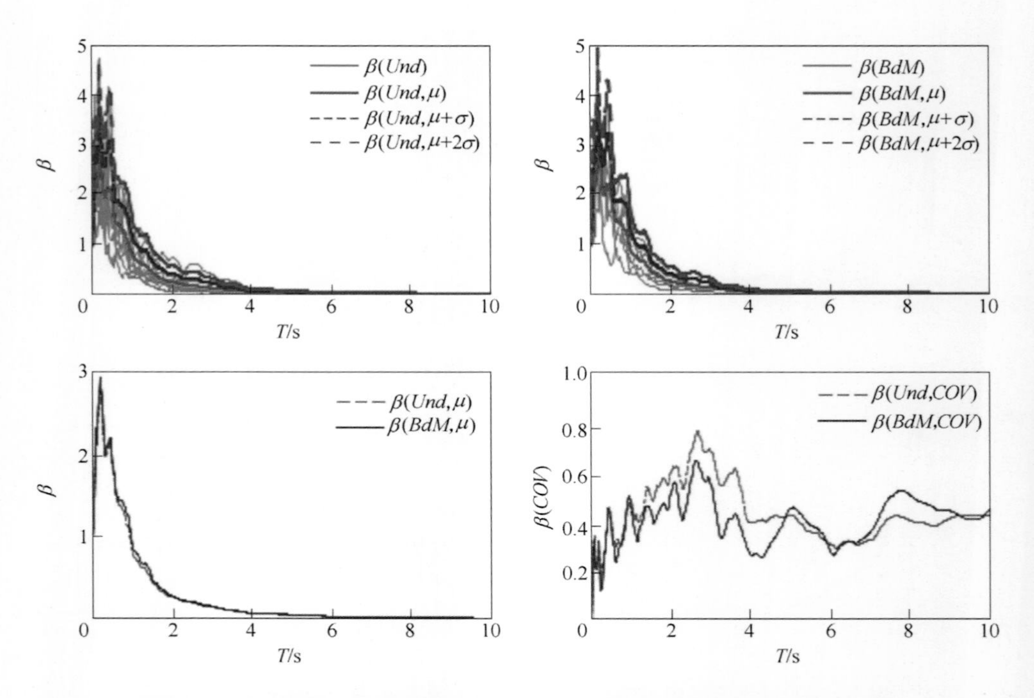

图 3-12　地面运动记录的加速度动力放大系数 β 谱（M5~6，R90~130）

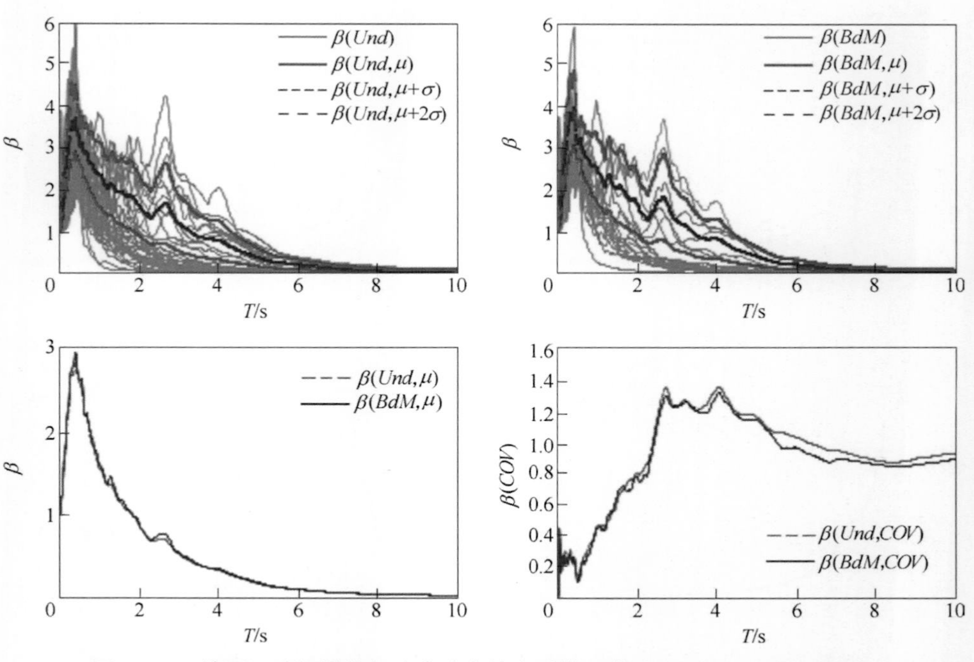

图 3-13　地面运动记录的加速度动力放大系数 β 谱（M5~6，R130~180）

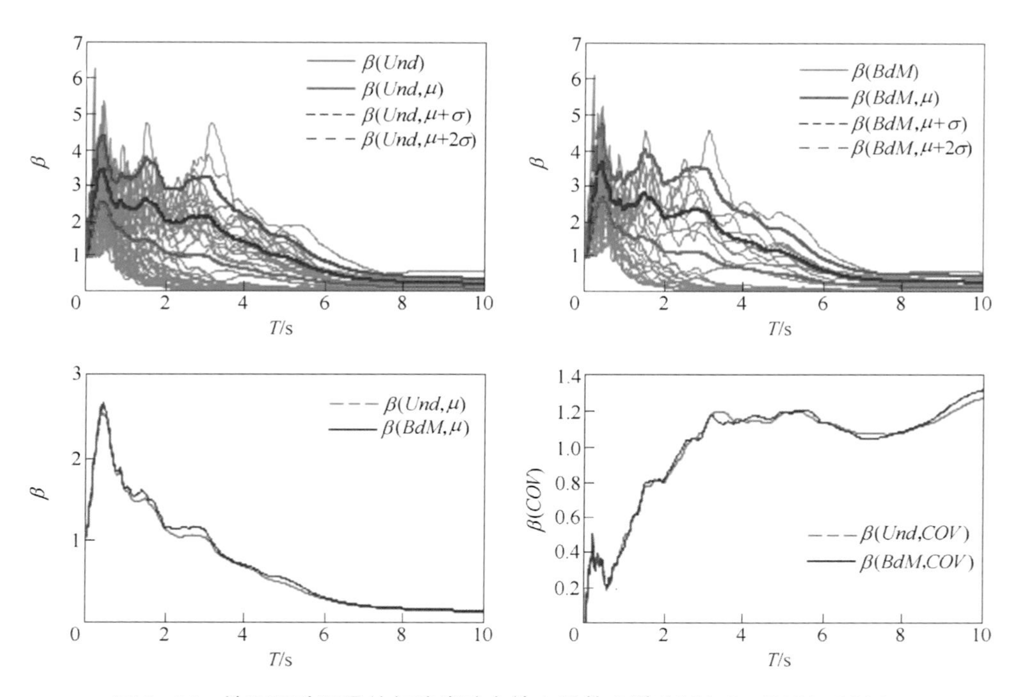

图 3-14　地面运动记录的加速度动力放大系数 β 谱（M5~6，R180~250）

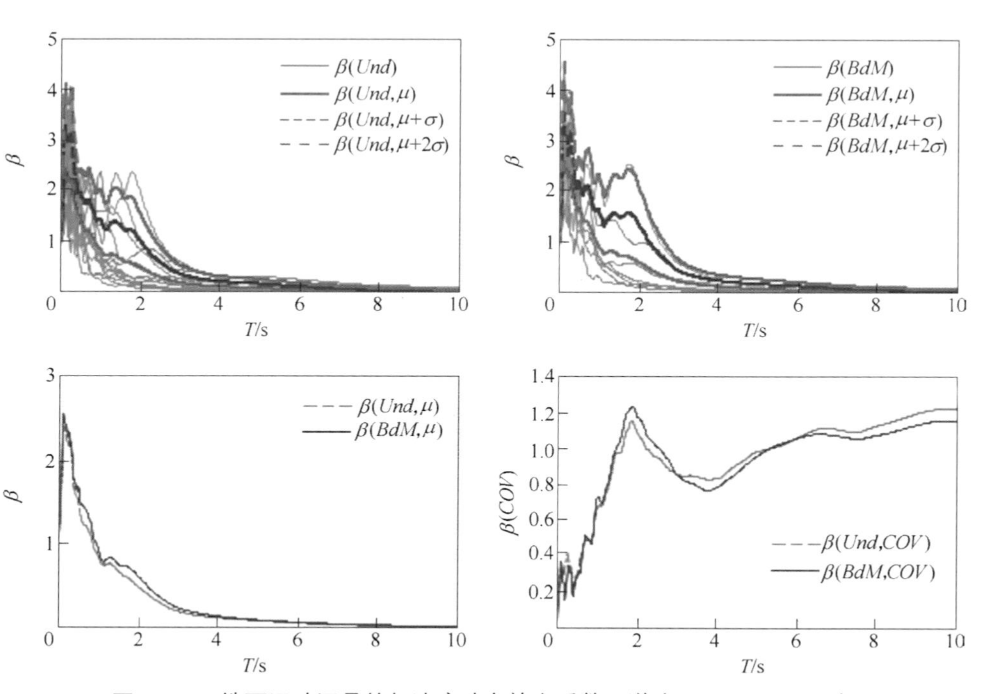

图 3-15　地面运动记录的加速度动力放大系数 β 谱（M6~7，R0~10）

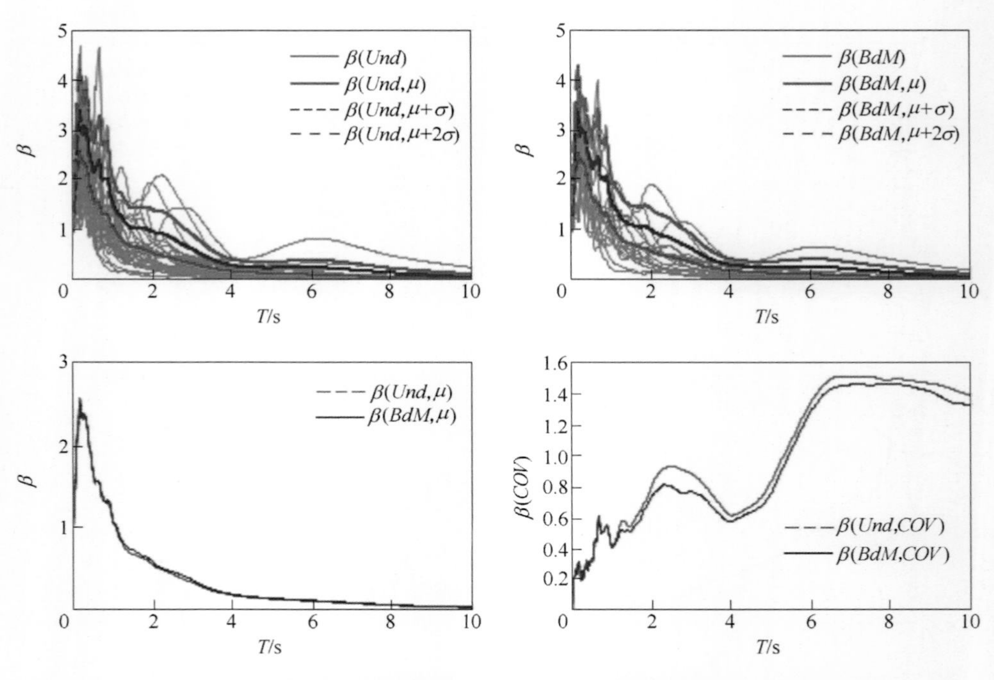

图 3-16　地面运动记录的加速度动力放大系数β谱（M6~7，R10~20）

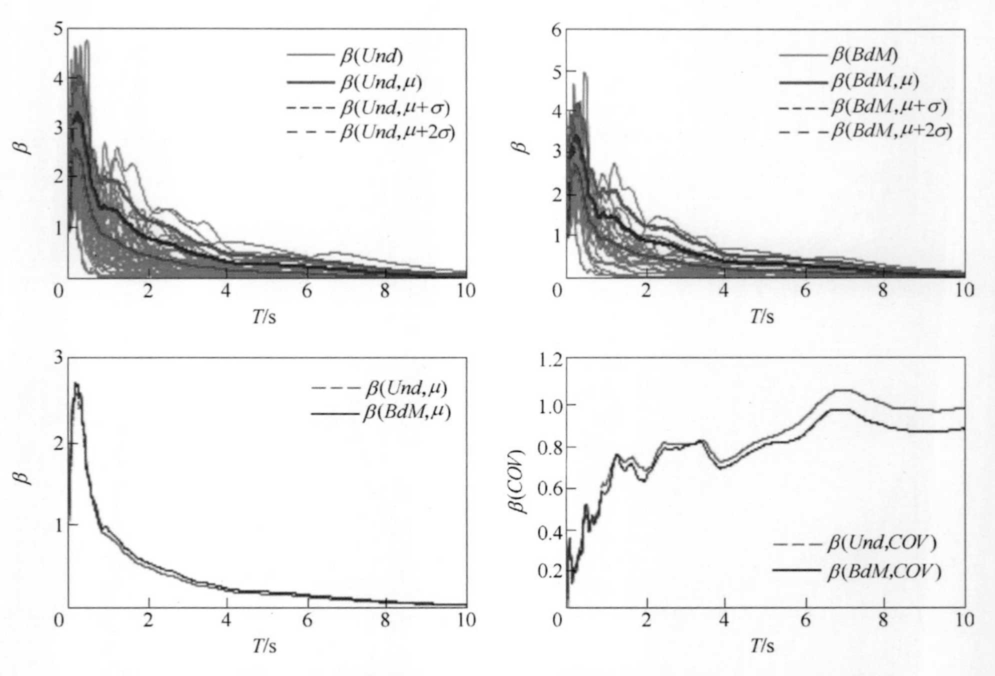

图 3-17　地面运动记录的加速度动力放大系数β谱（M6~7，R20~30）

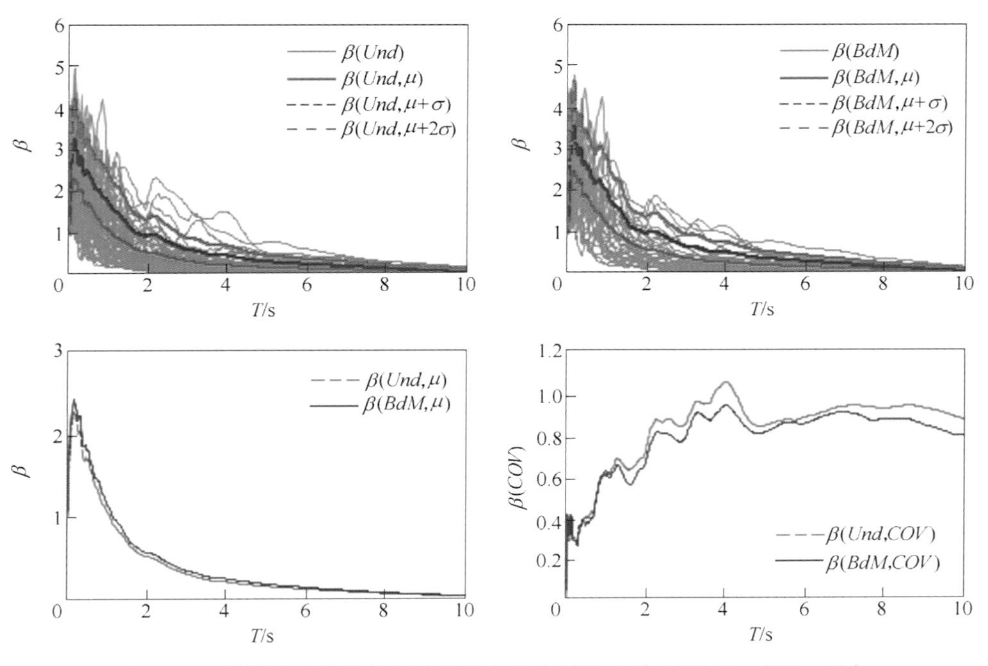

图 3-18 地面运动记录的加速度动力放大系数 β 谱（M6~7，R30~40）

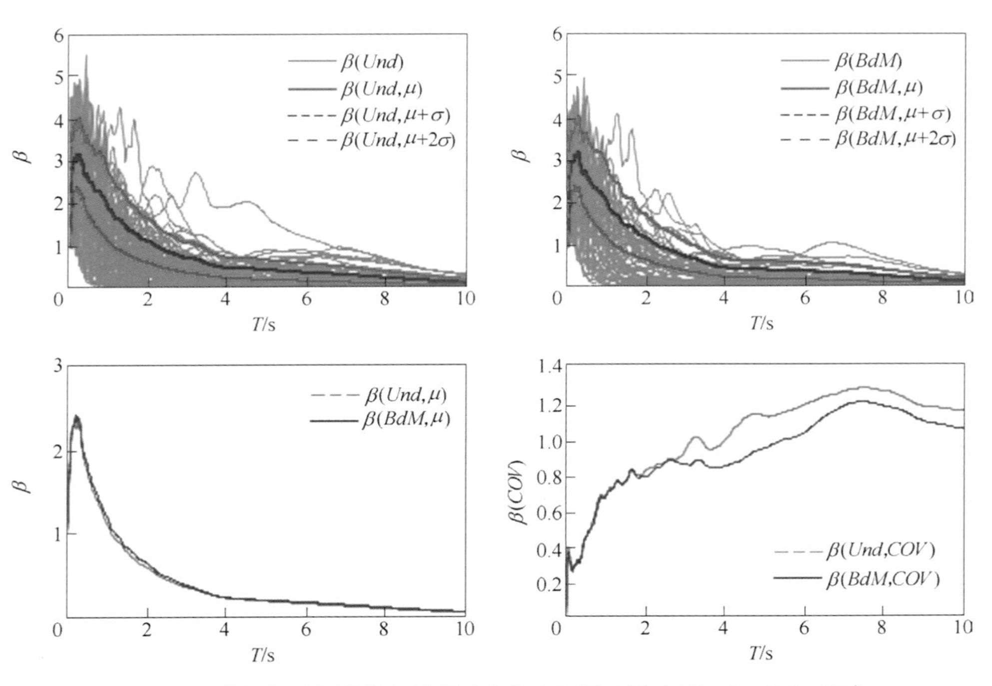

图 3-19 地面运动记录的加速度动力放大系数 β 谱（M6~7，R40~50）

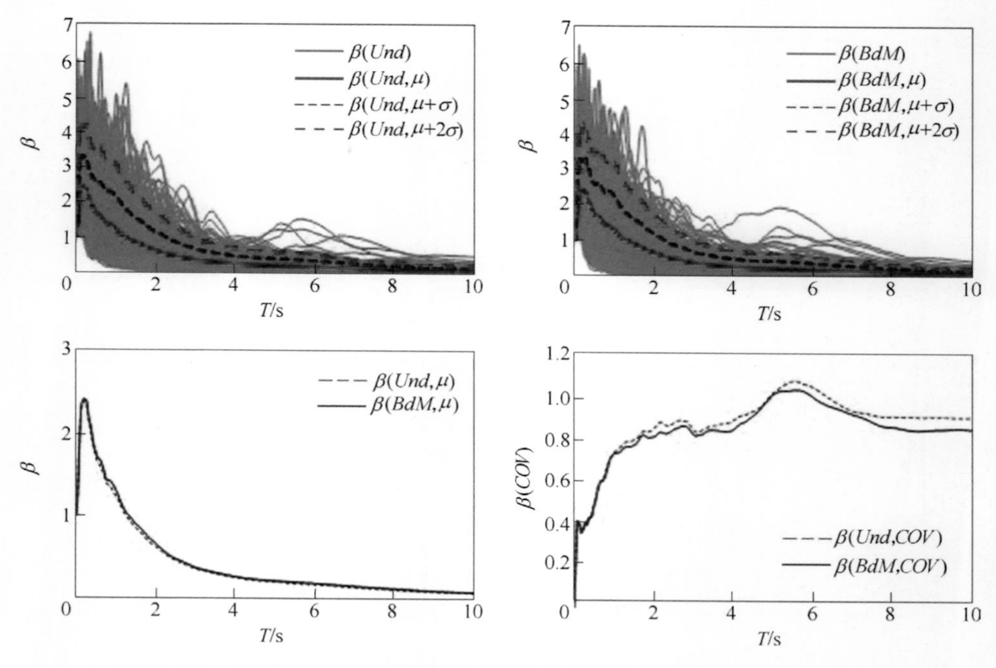

图 3-20　地面运动记录的加速度动力放大系数 β 谱（$M6\sim7$，$R50\sim90$）

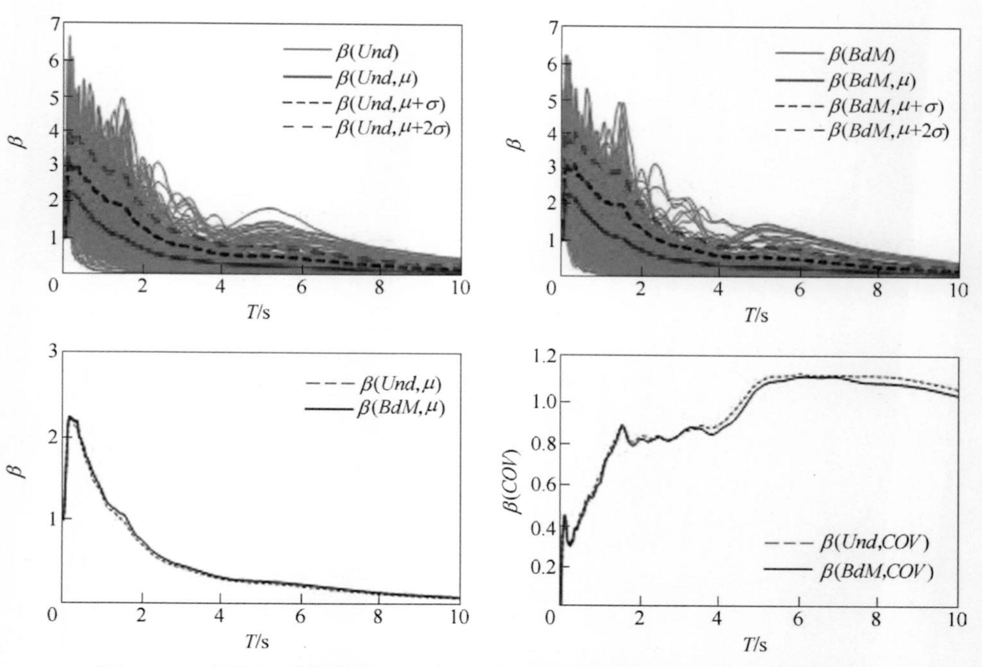

图 3-21　地面运动记录的加速度动力放大系数 β 谱（$M6\sim7$，$R90\sim130$）